前沿科技早知道普及读本

纳米科技

马晓娟 编著

天津出版传媒集团

天津科学技术出版社

图书在版编目(CIP)数据

纳米科技 / 马晓娟编著. -- 天津：天津科学技术出版社，2019.9（2022.1重印）

（前沿科技早知道普及读本）

ISBN 978-7-5576-6882-2

Ⅰ.①纳… Ⅱ.①马… Ⅲ.①纳米技术—普及读物 Ⅳ.①TB303-49

中国版本图书馆CIP数据核字(2019)第151372号

纳米科技

NAMI KEJI

（前沿科技早知道普及读本）

（QIANYAN KEJI ZAOZHIDAO PUJI DUBEN）

责任编辑：张　跃

出版：<u>天津出版传媒集团</u>
　　　天津科学技术出版社

地址：天津市西康路35号

邮编：300051

电话：（022）23332399

网址：www.tjkjcbs.com.cn

发行：新华书店经销

印刷：北京兴星伟业印刷有限公司

开本710×1 000　1/16　印张9　字数150 000

2022年1月第1版第2次印刷

定价：35.00元

前言
Preface

纳米技术，也称毫微技术，是研究结构尺寸在1纳米至100纳米范围内材料的性质和应用的一种技术。它的最终目标是直接以原子或分子来构造具有特定功能的产品。因此，纳米技术其实就是一种用单个原子、分子射程物质的技术。

1959年，著名物理学家、诺贝尔奖获得者理查德·费曼预言，人类可以用小的机器制作更小的机器，最后实现根据人类意愿逐个排列原子、制造产品，这是关于纳米科技最早的梦想。之后的一二十年，纳米技术一直处于探索阶段，当时科技界通常将称之为"中尺度技术"。1981年，扫描隧道显微镜微观测试技术获得突破之后，尤其是1990年的第一届纳米科技学术会议之后，全世界掀起研究纳米技术的高潮。许多国家投入大量资金进行纳米技术研究，从而使得纳米技术得以加速发展。

今天，纳米技术——这个21世纪最具前景的技术，正向我们扑面而来。纳米人造纤维、纳米建材、纳米包装材料等正在逐步走进我们的生活。纳米技术渗透到医疗、药物、能源、环境、宇航、交通、生物、农业、国防等各个领域。涉及物理学、化学、生物学、电子学、力学等学科，毫不夸张地说，纳米技术将席卷整个自然科学界，并对社会科学、人类文明产生深远影响。

尽管目前离真正的纳米时代还有一段距离，但纳米技术在某些方面已经成熟，或比较成熟，这使得收集和整理纳米技术的相关进展成为可能并且必要。

因此，我们查阅了大量资料，详细考查了国内外纳米科技发展的现状，编写了这本《纳米科技》。在本书中我们对纳米科技内涵、研究方法、研究意义，纳米物理学、纳米化学，以及纳米材料的应用做了较深入的介绍。希望读者阅读后能从整体上对纳米科技的理论、技术、工艺和应用有较全面的正确了解和认识。

由于书中涉及范围较广，编写中定有许多不足，错误与不当之处在所难免，敬请读者指出。

目 录
Contents

第一章 纳米科技概论
第一节 纳米科技的基本内涵 ……………………………………… 1
第二节 纳米科技的研究方法与意义 ……………………………… 5
第三节 纳米科技的机遇与挑战 …………………………………… 7

第二章 纳米材料
第一节 纳米材料的基本特性 ……………………………………… 9
第二节 功能材料和结构材料 ……………………………………… 14
第三节 纳米复合材料 ……………………………………………… 27
第四节 碳纳米材料 ………………………………………………… 31

第三章 纳米物理学
第一节 多粒子系统及量子统计 …………………………………… 37
第二节 介观物理 …………………………………………………… 45

第四章 纳米化学

第一节 超分子体系与分子自组装技术……………………………………… 52
第二节 纳米化学性质………………………………………………………… 62
第三节 纳米薄膜……………………………………………………………… 65

第五章 纳米材料的应用

第一节 纳米机械学…………………………………………………………… 77
第二节 纳米生物学…………………………………………………………… 90
第三节 其他领域应用………………………………………………………… 112

第一章 纳米科技概论

第一节 纳米科技的基本内涵

纳米科技（Nano-ST）是指在纳米尺度认识自然界，改造自然界，重新安排自然界，通过直接操作和安排原子、分子以创造新的物质。纳米科技就是研究纳米尺度的物质和体系的运动规律、相互作用和在其应用中存在的技术问题。

一、纳米物理学

纳米材料体系是指在零维、一维、二维或三维保持纳米尺度的材料体系，它们是纳米微粒、原子团簇、纳米丝、纳米管、纳米薄膜或由纳米粒子组成的块体。纳米物理学将深入揭示物质在纳米空间的物理过程和物理特性。它以纳米固体为研究对象，对重要物理问题进行研究。当物质小到纳米量级时，就会表现出量子效应、小尺寸效应、物质的

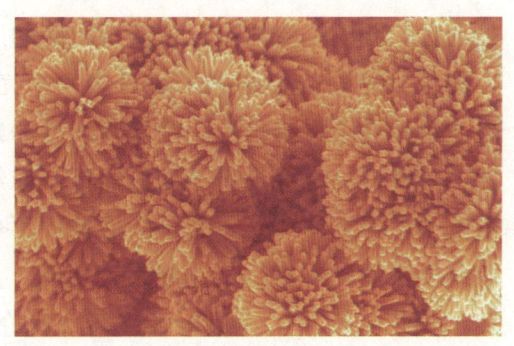

超乎寻常的纳米艺术

局域性效应，以及由于表面和界面原子比例大大增加而表现出来的表面效应等，使物质的很多性能发生变化，呈现出既不同于宏观物体，也不同于单个孤立原子的奇异性能。

电子在物体内部都处于一定的能态上，称为能级；宏观物体内电子数趋于无穷大，电子能级也就形成了密密麻麻准连续的能级带，称为能带。当物体的尺寸小到纳米量级时，纳米粒子中所含的总电子数会大大减少，这时电子能级总数也会减少，能级带的连续性发生分裂，形成离散的能级。当能级间距足够大时，会导致纳米粒子的光、电、磁、声、热、力学等特性发生显著的变化。如其力学性质不能再用连续介质力学来描述，磁性能也因纳米尺度而发生了变化，铁磁物质

表现出超顺磁性、巨磁效应等。这些奇异性质的存在，迫使我们从物质的演化以及运动规律上去找原因。揭示这些奇异现象的本质即开发物质潜在信息是研究纳米物理学的任务。

二、纳米化学

纳米化学是当代化学中最富有挑战性的分支，它以纳米粒子或团簇的合成、表征及其化学性质为主要研究对象，着重研究不发生团聚的纳米产品的制备措施，改善纳米材料与其他物质相容性的方法，超大分子合成和自组装技术以及纳米材料的催化性能等。此外纳米陶瓷材料、纳米润滑材料、纳米磁性材料、纳米复合材料等还存在着大量需要解决的化学问题，这正是纳米化学所关注的要点。

三、纳米电子学

纳米电子学主要研究尺度为纳米量级的电子器件、理论和它们的制造技术。各种传统电子元器件都是通过控制电子数量来实现信息处理的。例如，开关器件是通过控制电子流的有无来实现电路的通断的，以1和0表示有、无电流通过；放大器件则是通过控制电子数目多少来完成放大功能的。但是，在纳米空间电子的波动性是不可忽略的，经特殊设计的纳米器件中，电子将以波动性质表征其特性，这种器件也称为量子功能器件。在纳米空间电子所表现的特征和功能，是纳米电子学研究的范畴。量子功能器件不单纯通过控制电子数目的多少，还要通过控制电子波动的相位来实现某种功能。量子相干效应、A-B效应（弹性散射不破坏电子相干性）、普适电导涨落、库仑阻塞效应等将成为量子器件的设计指导思想。量子功能器件响应速度高、功率消耗低。例如，现有硅（Si）和砷化镓（GaAs）器件不管如何改进，其响应速度最高只能达到1皮秒（1皮秒=1×10^{-12}秒），功耗最低只能降到1微瓦；而量子功能器件的相应数据要优化$10^3 \sim 10^4$倍。此外，纳米功能器件的线宽更小，集成度更高。纳米电子学不但为量子功能器件的制造展示了美好的前景，同时也给电子工业带来了一场革命。

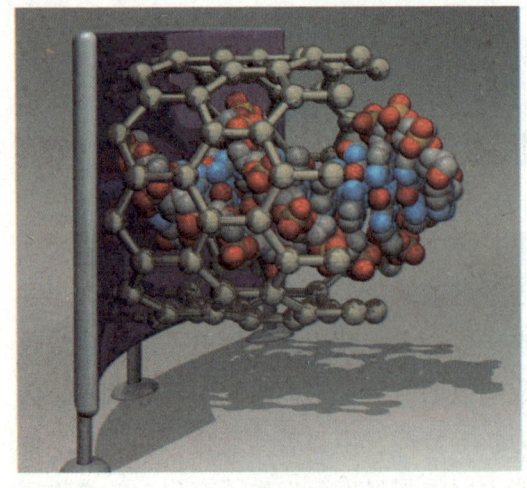

纳米科技

四、纳米机械学

纳米机械学包括微机构学、纳米加工、纳米摩擦学和纳系统技术几部分。它是集纳米技术、微电子技术、机械制造技术为一体,以制作纳米机械装置(又称微型机械或微机电系统)为目的的学科。尽管处于起始状态,但展现出诱人的前景。

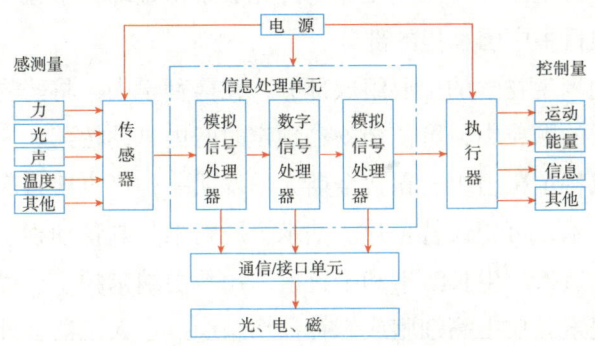

MEMS与外部世界的相互作用示意图

微机电系统(MEMS)不是传统机械的相似缩小,其学科基础、研究内容和研究手段也不同于传统的机械电子。典型的MEMS(这是美国的称谓,欧洲称为mcirosystem,而日本则称为micromachine)包括多个传感器、执行器和处理电路等元部件,并把它们集成为一个智能化的有机整体。上图给出了典型的MEMS与外部世界的相互作用。

MEMS的基础理论首推小尺寸效应,同时表面力的作用成为主导,而彻体力成为次要因素;某些微观尺度的短程力所具有的长程作用效应及其所引起的表面效应将起重要作用。纳米加工包含体型微机械加工工艺、表面微机械加工工艺、LIGA技术(光刻—电铸—成形)以及MEMS封装技术;而纳米摩擦学关注的是零摩擦、零磨损和薄膜润滑。此外MEMSCAD和检测技术也是人们关心的研究方向。目前已经研制出具有体积小、重量轻、功耗低的MEMS器件,如:①微传感器,包括检测力学量、磁学量、热学量、化学量、生物量等敏感的传感器;②微执行器,包括微电机、微齿轮、微泵等;③微型构件,包括微梁、微探针、微腔、微沟道等;④微机械光学器件,包括微镜阵列、微光扫描器、微光开关等;⑤微机械射频器件;⑥真空电子器件;⑦微能源和微动力源等。

MEMS的标准化问题也日渐引起研究者的注意,这也是纳米机械学产业化的新动向。

五、纳米生物学

生物技术亦称生物工程。在分子水平上通过基因剪裁组合和细胞融合等方法改变生物的性状是纳米生物学的主要任务，以分子自组装为基础的生物分子器件是目前研究的热点。美国早在1995年就利用蛋白质器件研究成功生物电脑；我国2001年就已完成了水稻基因组全序列测定工作，并完成了由全球科学家共同合作的人类基因组全序列测定项目中中国承担的部分。

纳米医学是纳米生物学的重要组成部分，在药剂学中，将药物粉末或溶液包埋在微米级或纳米级的颗粒中，可使药物在预定时间内自动按某一速度从剂型中恒速缓释作用于器官或特定靶组织。霍普金斯大学发明一种可直接将药物导入癌组织的铁氧体纳米粉粒技术，可望代替化疗。纳米金属粉末是制备动物生长素药物的添加剂，有望大规模制造人用生长激素和干扰素。用数层纳米粒子包裹的智能药物进入人体后，可主动搜索并攻击癌细胞或修补损伤组织。在人工器官外涂上纳米粒子，可预防移植后的排斥反应。微型机器人可进入人体血管到达各个脏器，进行生物医学的基础研究和微型手术及组织修复。在疾患早期诊断上，纳米传感器系统也起到了重要作用。

六、纳米材料学

纳米材料是纳米科技发展的重要基础。纳米材料的研究主要包括三个方面：①纳米材料的制备；②纳米材料的特性；③纳米材料的应用。纳米材料的粉体颗粒包含的原子数约为$10^2 \sim 10^7$个，其中50%以上为界面原子。纳米粉体系统具有尺寸效应、量子效应、表面效应、耦合效应及可能的混沌现象。纳米材料的性能研究包括硬度、强度、韧性、电性、磁性、微结构和谱学特

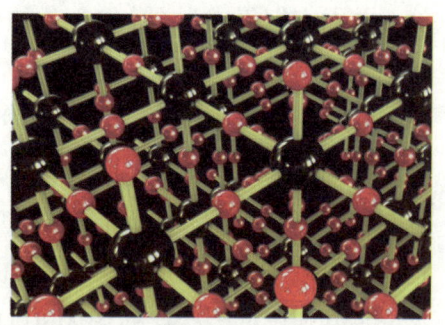

纳米科技

征，通过与常规材料对比，可找出纳米材料的特殊规律，建立描述和表征纳米材料的新概念和新理论。纳米材料的应用研究更是涉及各行各业，最具有代表性的如纳米陶瓷、纳米塑料、纳米润滑材料、吸波材料、纳米磁性液体、巨磁材料等。当然微电子行业用的量子器件、纳米生物工程、微型机械也都属于纳米材料的应用范围。

七、纳米测置学

为了在纳米尺度上研究材料和器件的结构及性能，发现新现象，发展新方法，

创造新技术，必须建立纳米尺度的检测与表征手段。扫描探针显微技术的出现，标志着人类对微观尺度的探索进入到一个全新的阶段。1982年，宾尼希（Birmig）和罗雷尔（Rohrer）首先研制成功扫描隧道显微镜（STM），为人类在纳米尺度，乃至在原子水平上研究物质的表面原子、分子的几何结构及与电子行为相关的物理、化学性质开辟了新的途径。正因如此，他们获得了1986

纳米分子结构

年诺贝尔物理奖。在STM出现以后又相继出现了原子力显微镜（AFM）、磁力显微镜、电容扫描显微镜等，特别是近场光学显微镜与STM相比更具特色。就纳米粉体而言，透射电子显微镜和光子相关谱仪（PCS）等更实用，在纳米粉体工业化生产中光子相关谱仪更适用。

总之，必须全面理解纳米科技的内涵，防止概念上的谬误和商业炒作。对纳米科技的理解不仅仅是纳米材料，如果以研究对象和工作性质来区分，纳米科技必须包括纳米材料、纳米器件和纳米尺度的检测与表征。材料是基础，器件是应用水平的标志，检测和表征是纳米科技研究与发展的实验基础和必要条件。

第二节　纳米科技的研究方法与意义

一、纳米科技的研究方法

为制造具有特定功能的纳米产品，其技术路线可分为"自上而下"（Top Down）和"自下而上"（Bottom Up）两种。"自上而下"是指通过传统的微加工或固态技术，不断在尺寸上将功能产品微型化；而"自下而上"是指以原子、分子为基本单元，根据人们的意愿进行设计和组装，从而构筑具有特定功能的产品。这两种研究方法都可以用来衡量纳米科技的发展水平。

二、纳米科技的研究意义

纳米是一个长度单位。1纳米=10^{-3}微米,即1纳米=10^{-3}微米=10^{-6}毫米=10^{-9}米。纳米科技就是指在纳米尺度(1~100纳米)上研究物质的特性和相互作用,以及利用这些特性的多学科交叉的科学与技术(关于纳米技术的尺度界定,目前还不是很统一,北京理工大学林鸿溢教授引用的空间尺度是0.1~100纳米的范围,因为0.1纳米是最小的原子——氢原子的直径)。它在材料、信息、能源、环境、生命、军事、制造等领域具有广泛的应用前景。

中国科学院白春礼院士指出:纳米科技的重要意义首先将促使人类认知的革命,同时将引发新的工业革命,从而对我国的社会、经济及国家安全产生重大影响。

纳米材料

纳米尺度介于宏观和微观之间,属于介观尺度更接近于微观的部分,是人类非常陌生的领域,有大量的新现象、新规律有待发现,充满了原始创新的机会,是新技术发展的源头。纳米科技已不能归附于任何一门传统的学科领域,人们必须重新审视、理解和创立新理论。可持续发展是人类生存的唯一选择,纳米科技在推动产品高性能、微型化、环境友好,节约能源、资源,促进生态环境改善方面起到关键的作用。纳米科技引发的产业革命,首先表现在信息产业。纳米器件将代替微电子器件,芯片的设计需要符合纳米物理理论的原则,集成方法将改变;所有的生产线均要进行相应的调整，检测方法、手段、标准都要变化。这将是一场深刻的产业革命。生命科学也将因纳米科技的发展出现新的突破，生物计算机将是信息科学和生命科学进一步发展的共同基础。纳米材料的出现也促使传统产业焕发青春，染料、涂料、建材、纺织等行业均因纳米材料的应用和改性，使性能有很大提高，大大拓宽了市场。

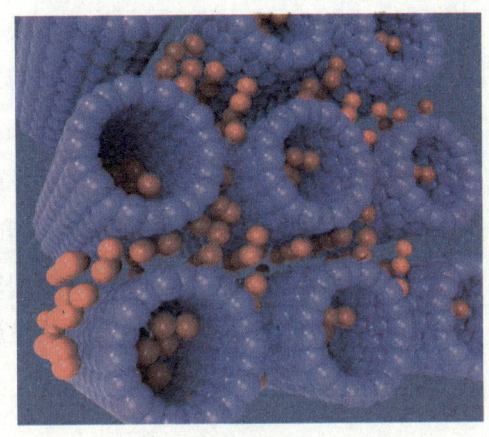

碳纳米管

21世纪，世界进入知识经济时代，纳米科技因其对信息科学和生命科学的巨大推动作用而被发达国家列为绝对的国家机密和商业机密，严格限制对我国出口。但我国比发达国家起步不晚，特别是因为纳米科技属崭新的学科，传统学科影响相对较小，为我国跨越式的发展提供了可能，只要政策和方法对，我们抓住这一机遇，就能使我国在进入知识经济时代产生飞跃。

第三节　纳米科技的机遇与挑战

纳米科技是指在纳米尺度（1～100纳米）上研究物质的特性和相互作用，以及利用这些特性的科学和技术。它是在20世纪80年代末逐步发展起来的交叉、前沿学科领域。纳米科技将大大拓展和深化人们对客观世界的认识，使人们能够在原子、分子水平上制造材料及器件，导致信息、材料、能源、环境、医疗与卫生、生物与农业等领域的技术革命。纳米科技将对人类的生产和生活方式产生重大影响，促进传统产业的改造和升级，并可能带动下一次工业革命，成为21世纪经济新的增长点之一。

发达国家政府纷纷提出优先发展纳米科技的国家战略，制定专门计划，加大投入，推动纳米科技的发展，抢占21世纪的科技战略制高点。纳米科技的兴起，对我国提出了严峻的挑战，也为我国实现跨越式发展提供了难得的机遇。

"八五"、"九五"期间，我国在纳米科技领域开展了一些研究工作。目前已拥有一支比较精干的研究队伍，取得了一些研究成果，在纳米科技的若干领域基本与国际先进水平保持同步。但是，与发达国家相比，整体研究水平存在不小的差距。重要的原始性创新、应用开发和工程化不足；研究群体相对分散，缺乏整体布局；多学科交叉融合程度不够；实验设施落后，研究基础薄弱；信息交流少，经费投入不足。要围绕国家发展目标对我国的纳米科技发展进行战略部署，统一规划，合理布局，加强协调，突出重点，集中优势力量突破关键技术，加速成果实用化和产业化，从整体上推动我国纳米科技发展，增强未来科技和经济竞争力，为国民经济建设和社会发展服务。

第二章　纳米材料

纳米材料的制备是纳米科技的基础，多数纳米材料在自然界中很少存在，因此研究制备技术是纳米科技中的重要内容。由于纳米材料的结构和特性涉及科学技术发展的新领域，因此研究过程中不断有新现象、新特性和新效应的发现，如低维纳米材料可用于纳电子学、纳米光电子学、太阳电池、热电器件、存储器件等，也可用于催化、功能涂层、能量存储、能量转换、药物传递和生物医学等。至今纳米技术涉及物理、化学、生物医学、信息学、材料科学等，已经成为涵盖广泛研究领域的交叉学科。

第一节　纳米材料的基本特性

纳米材料包括零维纳米结构，如金属、半导体和金属氧化物陶瓷纳米粒子；一维纳米结构如纳米线、纳米管和纳米绳；二维纳米结构如石墨烯、化合物片、各种元素、化合物薄膜等。除这些单一的纳米结构外，还可将这些材料组装成超晶格结构、三维阵列的宏观体系，或加入基质中的复合体系。这类块体材料的结构和特性不同于传统块体材料，其原因是

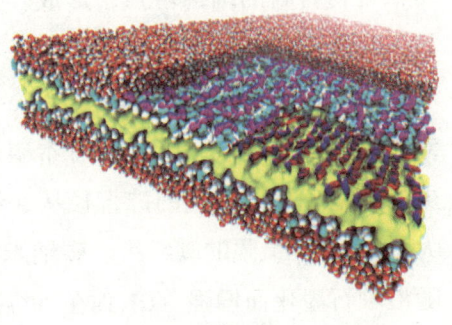

碳纳米技术

基于纳米尺寸的结构。主要特征为：大的表面原子分数；高的表面能；高度空间局域；缺少周期性等。由于单元材料含有限个原子，纳米尺寸中有极多的原子处于表面，故有极大的表面体积比，导致更多与表面有关的材料特性。特别是纳米材料尺寸可与Debye长度相比时，材料的结构和特性将受表面行为的显著影响这导致多种特性不同于相同元素构成的块体材料，纳米结构尺寸的空间限域，带来显著的量子效应。纳米粒子可看作零维量子点，一维纳米线、纳米管可看作量子线。纳米材料

的量子限域对其有重要的影响，能带结构和电荷载流子密度将有相当不同于块体材料的改变，出现了特性增强效应。纳米结构和纳米材料将有益于自纯化过程，热退火很容易将固有的材料缺陷移出到表面附近，增加了材料的完善结构。基于这些特性的纳米材料有很多新应用，包括光学、力学、热学、生物学、信息学和化学特性很多方面，以及多领域的综合应用。这里举例讨论纳米材料的一些突出特性。

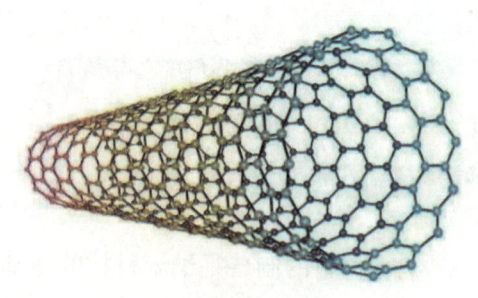

管状纳米结构

一、纳米材料的力学特性

由于纳米尺寸，材料的很多力学特性不同于块体的，包括硬度、弹性模量、塑性、抗断裂和疲劳强度等。力学特性增强主要是由于纳米结构的完善性，纳米结构的完美减少了位错、孪晶和杂质缺陷等，在纳米材料内保持了完善结构，即使在纳米材料表面与块体相比也很少有缺陷，增强了力学特性。这个增强可能有很多应用，如纳米力学传感器、质量传感器、微探针和纳米钳，以及宏观尺寸的聚合物材料的结构增强，形成轻重量高强度材料，柔性导电涂层和超硬切削工具，以及用于新型高效抗磨损涂层等。在二元体系合成的研究中，纳米化合物的硬度显著地超过常规块体的，如nc-MN/a-Si_3N_4（M=Ti、W、V、…）的硬度接近50吉帕。这些超硬纳米材料有希望作为强硬保护涂层。超硬产生于纯纳米粒子较少的缺陷，如无缺陷的硅直径从20纳米到50纳米的球硬度达到50吉帕，比块体硅大4倍。发现最强的碳纤维、碳纳米管（CNTs）有极好的力学特性，碳纤维的强度随沿轴石墨化而增强。CNTs在一维碳纳米材料中有最好的特性，具有高的弹性模量（YM）和高的抗张强度。

理论研究预言有高的模数，实验测量单壁管（SWNTs）的YM约为1.25太帕，大大高于高强钢的约200吉帕，其他多种相似的实验测量也给出了相近的数据。纳米结构材料可用于制作纳米探针或纳米钳，用来探测和操纵纳米材料的原子、分子，构造所需要的结构。用填充纳米粒子来调制传统的聚合物力学特性，如改善强度和玻璃相变温度等。通常这些性能的增强将牺牲塑性。为达到希望的特性，研究了纳米材料填充的聚合物，发现在很低的重量填充分数下产生独特的力学特性。如在聚丙烯中填充纳米SiO_2粒子,比填充微米的显著增强屈服应力（30%）和YM（170%）。在尼龙-6中用聚合方法填充50纳米的SiO_2粒子,只用5%（质量分数）纳米粒子,增加了拉伸强度15%,抗损坏应力提高150%,YM增加23%,提高冲击强度78%。在聚亚氨酯橡胶中填充40%（质量分数）的12纳米的SiO_2粒子比微米尺寸填充的抗拉伸损坏增加6倍,YM提高3倍。

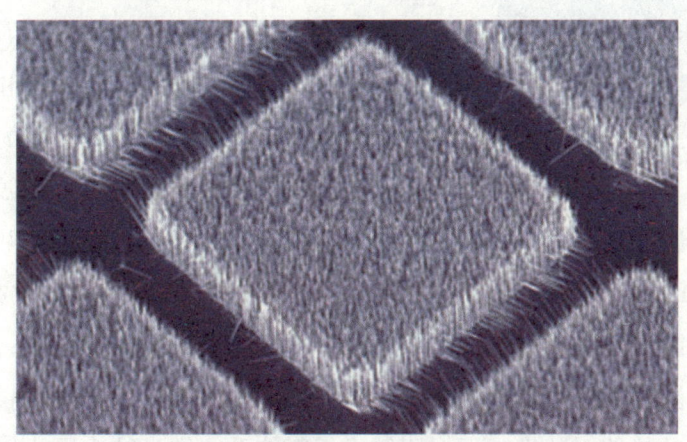

氮化镓纳米线

除纳米粒子外,一维纳米结构,如CNTs同样是纳米填充物很好的候选者,因为它们有很高的长径比和极好的力学特性。在聚合物材料中加入CNTs显示优异的力学特性,如高的YM、硬度和很好的柔性。下表中摘要一些CNTs填充的聚合物增强力学特性的结果,表中测量是在40摄氏度,1赫兹条件下得到的。除改进CNTs聚合物的力学特性外,还呈现材料重量减轻,改进耐恶劣条件性能以及极好的导电、导热特性等,展现非常有希望的应用前景。

不同聚合物材料与CNTs的弹性模量（YM）增强

聚合物	基质YM/MPa	混入CNTs/MPa	CNTs质量分数/%	增强/%
PMMA	约800	约1 600	26	100
PS	约2 400	约3 500	5	44
PSBA	约0.681	约1.584	7	132
PVA	约5 000	约11 200	60	124
MEMA	708	2 340	1	230

二、纳米材料的热学特性

与纳米材料的其他特性相比,目前对纳米材料的热学特性研究进展缓慢。这是

纳米无机化合物制成的陶瓷漆

由于实验测量和在纳米尺寸控制热传输有相当多的困难。用AFM测量纳米结构的热传输，有高空间分辨率，成为纳米结构的热特性探针。理论模拟和分析纳米结构中的热传输特性仍然是初期的，有用的探索包括Fourier定律的数值解，计算Boltzmann输运方程和分子动力学（MD）模拟。需要注意的是，当尺寸进入纳米，方程中可用的温度定义的有效性。在非金属材料体系中，热能的主要载体是声子，它有很宽的频率范围和平均自由程（mfp）分布。在室温纳米量级范围，热载体的声子有大的波数和平均自由程。通常定义温度是基于材料体系平衡时的平均能量。对于宏观体系，尺寸足够大可以定义局域温度，这个局域温度从一个区变到另一个区，基于材料某种温度分布可以研究材料的热传输特性。但对于纳米材料体系，纳米结构尺寸与mfp、声子波长可比拟。尺寸太小不能定义局域温度。而且，用温度概念也是个问题，它是在平衡条件下定义的，对于非平衡过程的热传输，产生热传输理论分析的困难。在实验和理论表征纳米材料的热学特性方面有很多困难，最近的实验表明某种纳米材料热特性比它们块体的有显著不同。在纳米材料体系中引进了几个修正因素，如小尺寸、特殊几何形式、大的界面等修正了纳米材料的热学特性，导致与宏观的相比它们有相当不同的行为。纳米材料的尺寸与声子平均自由程可比拟，导致声子在材料内传输和热特性的显著改变。例如，硅纳米线与块体相比有很小的热导率。纳米材料的特殊结构影响其热学特性。界面是材料热传输特性的重要因素，通常，由于声子在界面散射阻碍热流传输。界面无序散射声子，有不同的弹性特征，纳米材料的高界面密度导致减小材料的热导率。这些因素加在一起决定了纳米材料特殊的热学特性。CNTs有与金刚石、石墨相似的碳结构，后两者的热导率是已知的。在金刚石中是强的sp3键，有高的声子速度和高的热导率。CNTs在热传输上有极大的各向导性，在轴向有极高的热导率，在CNTs中，碳原子是SP2键形成无缝的石墨圆筒，有极高的热导率。由于没有原子缺陷，这些管的刚性使得独立的纳米管是很好的热导材料，理论计算表明CNTs的热导率是非常高的。Savas Berber等结合平衡和非平衡分子动力学模拟Tersoff势给出CNTs的热导率与温度的关系。得到的结论是孤立的（10，10）管的热导率与温度有关，在室温热导率为约6 600瓦/（米·开），见右图，温度低于400开，与单层石墨烯或金刚石的热导率相比有很高的值。J.Hone等估算块体CNTs的热导率在室温为1 800～6 000瓦/（米·开）。也有人用平衡分子动力学计算沿着（10，10）管轴的热导率，给出为约2 980瓦（米·开）。尽管从这些理论工作给出的值有所不同，但结果都表明CNTs有极高的热导率。

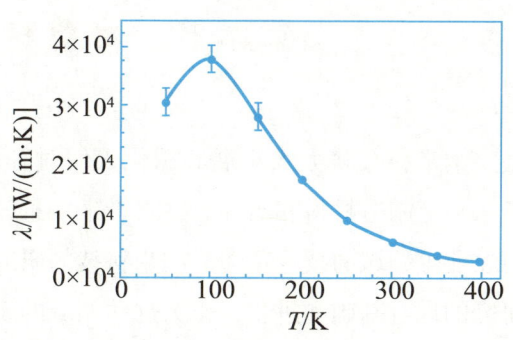

（10，10）管热导率与温度的关系

三、磁学特性

电子和光电功能电路的发展越来越广泛地应用高频（>1兆兹）电子器件，涉及雷达、卫星、远程通信以及家用音响系统等。传统磁体多用金属合金和铁酸盐为核心材料，对于金属材料的主要问题是它们有较低的电阻。由于不可能显著地增加这类材料的电阻，因而金属材料排斥在高频应用之外，所以多年来相关应用只选择铁磁体。尽管做了努力改进铁磁体的性能，进展还是受到了很多限制。对于磁性材料应用中的关键问题是满足电子设备的小型化需求。为了解决金属和铁磁合金在小型化需求方面的困难，发展了金属/陶瓷纳米材料，为下一代高频磁性材料的应用开辟了新途径。新发展起来的纳米化合物提供了制造软磁材料加工的新技术。在金属-陶瓷纳米化合物中，电阻可能显著地增加，明显地减小涡旋电流。另外，近邻磁纳米粒子间的交换耦合能克服各向异性和消磁效应，导致比传统块体结构材料更好的软磁特性。发展了先进的制造交换耦合磁纳米化合物结构的技术，可能在块体加固过程中保持纳米粒子尺寸。多种金属/陶瓷纳米化合物体系的优良性能为实验所证实，如化学合成Ni-Fe/SiO_2、CO-SiO_2、Fe-CO/SiO_2、Fe/Ni-铁酸盐、Ni-Zn-铁酸盐/SiO_2、Fe-Ni/聚合物和Co-聚合磁纳米化合物，通过真空热压加固这些磁纳米化合物粉，实现交换耦合达到块体理论密度的96%以上。

第二节　功能材料和结构材料

纳米科技将大大拓展和深化人们对客观世界的认识，使人们能够从原子、分子水平上制造材料和器件，并将带来信息、材料、能源、环境、医疗与卫生、生物与农业等领域的技术革命。纳米科技的研究和发展既依赖于众多学科的理论、实验研究的现有基础和进步，也为这些领域的发展提供了新的机遇。纳米尺寸材料具有与块体不同的原子结构和电子结构，加上材料的元素特征形成材料特性的基础。由于其尺度在纳米量级，可呈现出许多奇异的结构特征，以及与体块材料截然不同的性质和功能，我们称这类材料为纳米功能材料。将纳米功能材料堆积、组装、复合、压制成宏观尺度的块体材料，或将纳米功能材料填充到基质中构成的块体材料称为纳米结构材料。这里所讨论的功能材料和结构材料的结构和性能都是以纳米尺度为基础，其特性与相同元素构成的块体材料有显著的不同。所有纳米材料都有其特殊的结构和特性，利用其某种功能构造新材料、传感器和器件，开拓其应用领域，这类材料为功能材料，所有纳米材料都应该是功能材料，不过我们强调的是这类材料中的某种突出特性和有重要意义的应用。纳米功能材料的研制初期，人们突出了它们的个性，扩展对材料结构与性能关系的认识，延伸到介观尺度，为发展新一代功能材料、高性能结构材料开辟了新途径。纳米材料是当前国际上发展最迅速的材料，涉及纳米材料学、纳电子学、分子电子学、纳米生物医学等，将为新材料合成、信息通信和生物工程科学提供新的原理和技术，深刻地影响未来人类生产方式和生活质量。

20世纪初兴旺起来的纳米科技，首先是从纳米材料的制备开始，即制造纳米尺寸稳定存在的材料，进而考虑其功能特性，探索结构与性能的关系。在稳定功能纳米材料制造的基础上，进一步组装加工结构材料，构造宏观尺寸的块体和复合材料。涉及的主要纳米科技问题有：①低维、尺寸、界面和量子特性

水性纳米陶瓷涂料

的研究，设和制造"人工大原子"（纳米晶）及复合受限体系；②纳米结构材料的结构与特性的关系，特别是与纳米尺寸有关的分析理论，以及新特性认识和开发；③研究特定结构纳米体系形成及构筑的基本原理，通过体系自组织及人为操控来构筑各种纳米结构，为构筑各种功能性纳米体系及器件提供基础；④纳米结构和特性的测量、表征，由于小尺寸和显著的量子效应，需要发展新检测方法和新概念，建立描述纳米物性的新规则，开发表征纳米体系的新仪器、新手段；⑤发展纳电子学及纳米器件的基本理论，构筑各种纳米器件，探索纳米器件的组装和集成技术，并研究其性能；⑥研究纳米生物体系和仿生纳米结构的特性，探索纳米科技在医学（诊断技术、制剂载药、基因治疗）、农业等领域的应用。基于以上研究领域中的科学问题，本节讨论几种重要的纳米材料。

一、纳米功能材料

纳米功能材料是指具有介观特性的材料，是纳米科技的基础。人们根据纳米科技发展的需求，设计、制造能满足某种需要的材料，涉及材料种类、学科、技术极多，是多学科、技术交叉的领域。这里以当前人们关注的几种最主要的材料为例加以说明。

1.半导体材料

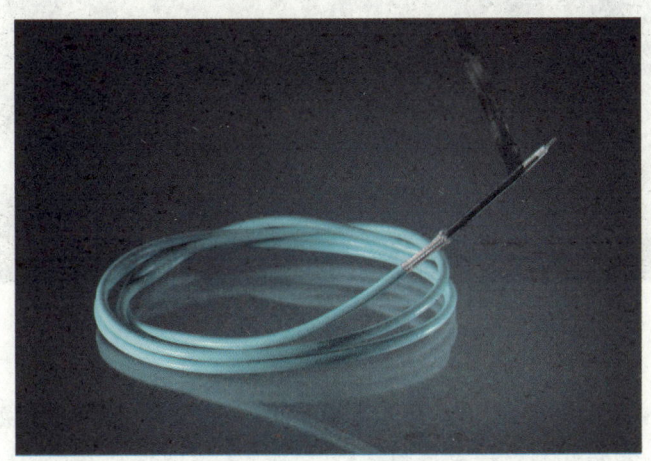

碳纳米管光纤

人类社会处于信息时代，因此与信息有关的纳米材料研究是当前重要的发展领域。随着现代微电子技术和光纤通信技术的飞速发展，促使集成电路和器件运行速度从3吉赫（G=10^9）逐步发展到3太赫（T=10^{12}），存储容量、时钟频率和数据传输速率由吉/秒发展到吉/秒。单个器件和电路向小型化、低维、高密度、多功能、高可靠性和智能化的纳电子集成系统发展。基于纳米技术的超大规模集成电路（ULSI）的材料基础和集成技术研究，研制用于ULSI的12～18英寸硅材料、SOI材料，高K和低K介质材料，金属互连以及基于纳米特征尺度的器件设计与集成技术。半导体电子、光电子微结构材料及其集成技术。硅基高效发光材料和硅基混合光电集成芯片材料。GaN、SiC等高温宽带隙半导体材料和大失配半导体异质结构材料。材料结构–电子行为–信息功能的内在关联规律。材料的生长动力学，大失配异质结构材料体系柔性衬底理论与制备技术。纳电子、光电子材料与量子器件。高温宽带隙半导体材料GaN单晶衬底、ZnO单晶、薄膜和各种纳米结构材料的制备。GaN、ZnO等p型掺杂和欧姆电极接触。单晶金刚石薄膜生长与n型掺杂等关键问题。多铁性材料及自旋电子学基础材料和自旋极化量子效应器件。用于纳电子学和光电子学的各种功能材料，从传统的微电子半导体，到过渡金属氧化物、多铁性材料，发展为新型复杂综合材料。

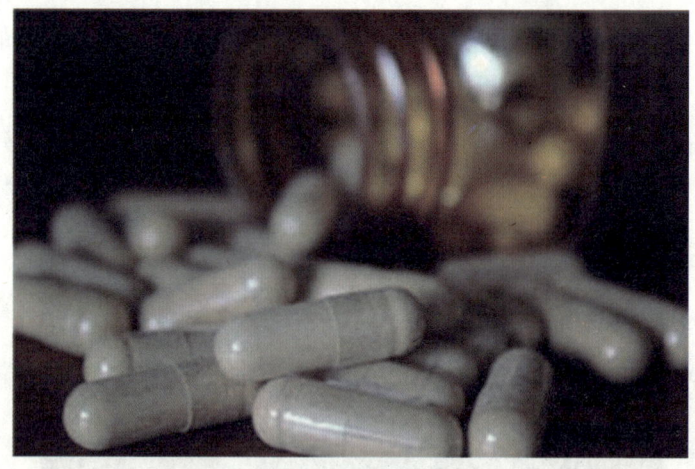

纳米胶囊

2.生物医用材料

生物医用材料是用来对于生物体进行诊断、治疗、修复或替换其病损组织、器官或增进其功能的新型高技术材料，它是研究人工器官和医疗器械的基础，已成为材料学科的重要分支，尤其是随着生物技术的发展和重大突破，生物材料已成为各国科学家竞相进行研究和开发的热点。而目前已经成为世界各国研究热点的纳米生物材料，在医学上主要用作药物控释材料和药物载体。从物性上可以将纳米生物材料分为金属纳米粒子、无机非金属纳米粒子和生物降解性高分子纳米粒子；从形态上可以将纳米生物材料分为纳米脂质体、固体脂质纳米粒子、纳米囊和聚合物胶束等。主要包括：纳米粒子与生物分子、DNA、蛋白质的相互作用。癌和其他疾病的早期发现及早期诊治。生物分子、DNA、蛋白质结构的自组装和功能化。生物相容性纳米材料制成的人造器官和人造组织。生物芯片，生物传感器，用于疾病的快速诊断。目前取得实质性进展的是纳米控释技术和纳米粒子基因转移技术，这种技术是以纳米粒子作为药物和基因转移载体，将药物、DNA和RNA等基因治疗分子包裹在纳米粒子之中或吸附在其表面，同时也在粒子表面耦联特异性的靶向分子，如特异性配体、单克隆抗体等，通过靶向分子与细胞表面特异性受体结合，在细胞摄取作用下进入细胞内，实现安全有效的靶向性药物和基因治疗。纳米材料作为基因治疗的理想载体，具有承载容量大，安全性能高的特点。近来新合成的树枝状高分子材料作为基因导入的载体也颇受关注。纳米技术将在生物医学、药学、人类健康等生命科学领域有重大应用。与医学和健康领域相关的纳米技术的研究与进步，可望在未来30年内为药物制造工业创造巨大产值。目前，纳米科技在生物医学方面的研究应用大致可包括以下几个重要方面。纳米观测技术用于生物大分子结构特性的研究。纳米器件在生物医学检测中的应用。纳米药物体系，纳米材料与技术在临床诊治中的应用，也包括在康复医学中的重要应用。利用纳米微粒标记、纳米荧光探针、纳米靶基因与纳米生物传感器等，技术的发展可促进癌和其他疾病的早期发现，早期诊治。纳米靶基因和纳米药物输运技术的发展，可定向治疗肿瘤、心脏病、糖尿病、前列腺炎等疾病，减少副作用。生物相容性纳米材料制成的人造器官和人造组织，可在人类康复工程中发挥重要作用。纳米生物医用材料将解决临床对高性能组织修复、器官替换和疾病诊断与治疗的迫切需求。生物活性羟基磷灰石是人工诱导骨骼生长的重要材料，自固化磷酸钙人工骨产品已经成为临床用品。在纳米生物材料、微细加工、光学显示、生物信息和分子生物学等技术积累的基础上，发展生物芯片技术，形成新型生物分子识别的专家系统、临床疾病检测系统、药物筛选系统和生物工业活性监测系统等实用化技术，具有重要的社会与经济前景。

　　除上述的诸多方面，还有干细胞和克隆研究，也取得了重大的进展，此外还涉及农业品种、食品的转基因和克隆问题。生物分子是很好的信息加工材料，每一个生物大分子本身就是一个微型处理器，分子在运动过程中以可预测方式进行状态变化，其原理类似于计算机的逻辑开关，利用该特性并结合纳米技术，可进行生物电子学的研究。

3.环保材料

我国正处在经济高速增长时期,能源、资源消耗急剧增加,环境破坏日趋严重,长此以往,自然环境将不堪重负。国家确定了在保护环境的基础上实现可持续发展的战略,在材料的环境协调性方面,应该充分考虑材料设计、生产、使用、废弃、回收全过程的生态环境。近年来我国材料科学工作者结合国情,对生态环境材料学及其相关材料环境负担的评价方法和标准、环境协调性材料和产品研制,以及开发生产等方面问题展开了广泛研究,并努力探索研究制订适合中国国情的材料可持续发展的行动计划,在政府的支持与指导下实施。环保纳米材料是针对人类生活环境污染的处理有关的材料,包括用于处理被污染的空气、水、土壤,或者是与生态环境有关的纳米材料。这是20世纪90年代在国际高技术新材料研究中形成的一个新领域,主要研究内容有:①直接面临的与环境问题相关的材料技术,生物可降解材料技术,CO_2气体处理和固化技术,SOi、NCX催化转化技术、废物的再资源化技术,环境污染修复技术,材料制备加工中的洁净技术以及节省资源、能源的技术;②开发能使经济可持续发展的环境协调性材料,如仿生材料、环境保护材料、氟利昂、石棉等有害物质的替代材料、绿色新材料等;③材料的环境协调性检测评价技术等。

纳米环保刷漆

工业废水、生活污水处理是环境保护的极重要方面,所涉及的废水回用的技术关键在于，如何有效地处理复杂成分的污染，如染整加工产生的废水，由于采用原料较为复杂，分散在废水中五花八门的染料，使用一般的化学方法是难以奏效的。但经过多次的物理及生化方法处理、过滤，在实际生产过程中又显得复杂。经研究分析认为采用一种新型的纳米多孔材料，可以对染整废水进行物理过滤，大大减少工艺流程。首先对废水成分进行测试，然后根据不同的成分构成，分别选用相应的纳米材料，对废水进行物理过滤后，排出的处理水即达到染整用水的标准，在生产工艺过程中可以做到水的循环利用。

4.稀土纳米材料

稀土纳米材料

稀土化合物纳米粉末是一种新材料，可以作为制备新材料的原料。我国是稀土矿物最多的国家，进行了多种稀土纳米化合物的制备及其物性的研究。对各种制备方法如溶胶-凝胶法、醇盐法、络合沉淀法、均相沉淀法、水热法、水解法、热分解法等均开展过研究，已能制备出各种单一稀土氧化物和某些稀土化合物，如$Y_2O_3-ZrO_2$、ABO_3型、AB_2O_4型、$A_2B_2O_7$型等化合物，并详细研究了它们的性质。已能生产纯度高达99.999%、粒径在10～50纳米之间的Y、La、Ce和Tb等氧化物系列纳米粉体。用溶胶-凝胶法合成$LaFeO_3$，制备过程是：按化学计量比称取一定量的La_2O_3，用去离子水调成浆状，经6摩尔/LHNO_3溶解和NH_4OH调节pH=3后，加入计量的$Fe(NO_3)_3 \cdot 9H_2O$，以及与金属离子等物质的量（摩尔）的柠檬酸，加热溶解，过滤除去不溶物后，滤液经100摄氏度回流5小时处理，将溶液于70摄氏度缓慢蒸发，逐渐形成溶胶，继续蒸发形成凝胶。110摄氏度烘干24小时后，于600摄氏度下灼烧，制得粒径为40纳米的$LaFeO_3$，作为负温度系数热敏材料、气敏材料和催化剂已获得应用。

首架全碳纤维制造材料

5.智能纳米材料

智能材料是继天然材料、合成高分子材料、人工设计材料之后的第四代材料，是现代高技术新材料发展的重要方向之一，将支撑未来高技术的发展，使传统意义下的功能材料和结构材料之间的界限逐渐消失，实现结构功能化、功能多样化，拓宽应用领域。科学家预言，智能材料的研制和大规模应用将导致材料科学发展的重大革命。国外在智能材料的研发方面取得很多技术突破，如英国宇航公司的导线传感器，用于测试飞机表面涂层上的应变与温度情况。开发出一种快速反应形状记忆合金，寿命期具有百万次循环，且输出功率高，用其作为制动器时，反应时间快。压电材料、磁致伸缩材料、导电高分子材料、电流变液和磁流变液等智能材料驱动组件材料在航空上的应用取得许多创新成果。智能材料的研究将会越来越受重视，在信息、环保、生物医学、航空航天等领域应用。

二、纳米结构材料

纳米结构材料是指将纳米功能材料压制、密堆成块材料；或者将纳米功能材料填到介质材料中构成纳米复合材料。这种纳米结构材料，有不同于通常块体材料的特性。纳米结构的表征方法与检测是纳米材料研究的重要内容，主要研究表面和亚表面的成分、结构及缺陷的分析方法，单原子、分子的检测技术。当前相关的理论问题研究应集中在下列方面：①纳米体系的力学和热力学问题，纳米结构材料的结构与特性关系；②探索适宜于纳米体系中与热力学性质相关的统计力学问题；③发展空间多尺度、时间多尺度现象的耦合模型；④建立物理/化学等多种过程协同发展的非平衡理论；⑤建立纳米材料的结构、性能及加工过程的设计模型和模拟计算方法。人造的纳米尺度的材料，在地球表面条件下，由于布朗运动，它们将永远漂浮在大气和液体中。如果将这些纳米材料再凝聚成块体，由于它们本身的完美结构，以及它们很强的表面键，相互抓住近邻和次近邻的纳米材料，从而形成结构紧凑的块体材料，呈现超强、超柔性。

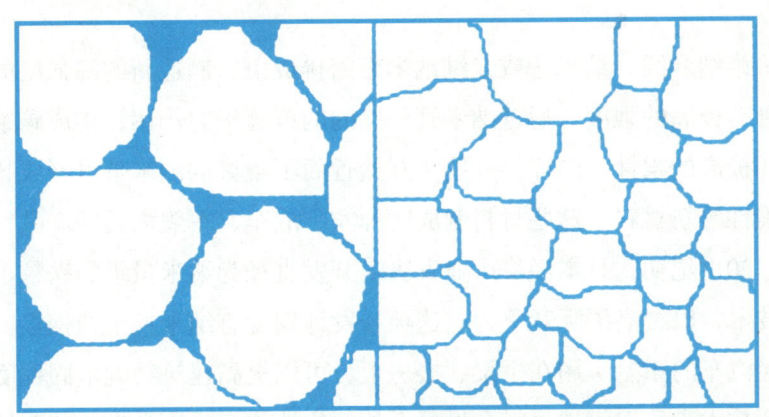

有很大的晶界的块体材料和没有宽的晶界缺陷的纳米粒子密堆材料

定性讨论这种材料性能上的差别。左边为通常的块体材料，有很宽的晶界区，在其中存在很多杂乱堆积的原子、杂质、缺陷和空洞，因而材料容易从这里破裂，缺少延展性。右边的纳米粒子密堆材料，没有宽的晶界，晶粒间的缺陷极少，因此材料增加了强度和延展性。但是做到无宽晶界区域的纳米功能材料紧密堆积是件不容易做到的事情，因为纳米粒子会发生凝聚，长成大的颗粒，从而失去了纳米结构特性。只有满足某些条件的情况下，才能制备出纳米晶粒块体或纳米紧密堆积块体。右图所示的结构，类似通常的堆积纳米结构材料，如不是在基质之中，粒子间有较大的间隙，则不会显示有奇异特性，故不是将纳米尺寸的材料放在一起就可以构成纳米结构材料。纳米技术在陶瓷领域有重要应用，纳米陶瓷是指结构中的物相具有纳米级尺度的陶瓷材料即晶粒尺寸、晶界宽度、第二相分布、缺陷尺寸等都是在纳米量级的水平上。要制备纳米陶瓷，这就需要解决：

压制成的结构纳米材料示意

粉体尺寸、形貌和粒径分布的控制，团聚体的控制和分散，块体形态、缺陷、粗糙度以及成分的控制。如果多晶陶瓷是由大小为几个纳米的晶粒组成，则能够在低温下具有延展性，达到100%的塑性形变。研究发现，纳米TiO_2陶瓷材料在室温下具有优良的韧性，在180摄氏度经受弯曲而不产生裂纹。许多专家认为，如能解决单相纳米陶瓷在烧结过程中抑制晶粒长大的技问题，从而控制陶瓷晶粒尺寸在50纳米以下，这样的纳米陶瓷将具有高硬度、高韧性、低温超塑性、易加工等传统陶瓷无法比拟的优点。

可用一维纳米线、纳米管或二维纳米带密排成束，制造新的高强度的绳索。例如，碳纳管有极高的强度，通过纳米管外壁间的范德华力作用，构成碳纳米绳，会有超强度，极高的柔性。同样，一些相互接近而不凝聚的纳米带可制成超强、超柔性、超延展性等新材料。这些材料制成防弹衣、战车、军舰之类的产品，将会有惊人的性能。20世纪初，日本经济产业省决定开发直径为纳米量级的铁粒子制造高强度钢板的技术，以提高国际竞争力。这项开发计划含有纳米粒子的钢板，增加拉伸强度，减轻汽车的重量。用在桥梁、楼房上，可以提高建筑物的坚固程度。希望研究开发高新技术来争取钢铁材料在世界上的领先地位。采用微米，甚至纳米铁粒子技术提高钢材的强度，在我国的军用、航天部门已经采用，其技术和工艺在不断提高，材料的性能有显著的改善。纳米结构材料的另一种是将纳米功能材料填加到某种基质中，构成纳米复合材料。右下图所示的塑料中填加纳米带，构成新型复合材料。2001年初，英国军方宣布试验塑料坦克，即用复合塑料材料代替钢材，结果使重量减少10吨，速度有很大提高。其主要材料是将结构完善的氧化硅纳米线填充到聚酰亚胺中，这种复合纳米材料，类似于传统的"玻璃钢"，但性能惊人，用来代替钢铁制造塑料坦克。这种新材料，重量轻，强度大，抗燃烧，因此具有很多新的特性，为人们所特别关注。现在人们研究了多种工艺简单，又能大批量生产纳米线和纳米带的技术，用这种技术可以低成本大批量地生产复合纳米结构材料。这里以电化学沉积纳米线技术为例，讨论复合纳米材料的应用前景。当今人们正在研究新型高强度材料，正如英国制造的塑料坦克那样，用结构完善的

纳米填充复合材料

纳米线构筑高强度材料。这里讨论几个特种材料的设计结构。随着调控纳米线取向可制造各向异性的材料。如下图所示,图中最上面的结构是纳米线与基底平行排列堆积。这种材料具有大的抗拉强度和弹性,可增加表面光洁和亮度。用于车辆、电器、家具、建筑物表面的防护涂层。特别是有很好的弹性,不易产生压痕和刮伤。下图中中间的材料具有最大的抗压强度。最下面的是各向异性材料,左边的箭头方向具有很好的弹性;而右边的箭头方向,具有最大的抗压强度。这种材料可用于飞行器或战车上,或块体或涂层,都将有特殊功能。这类材料的出现将给人类一个靓丽的外观世界。

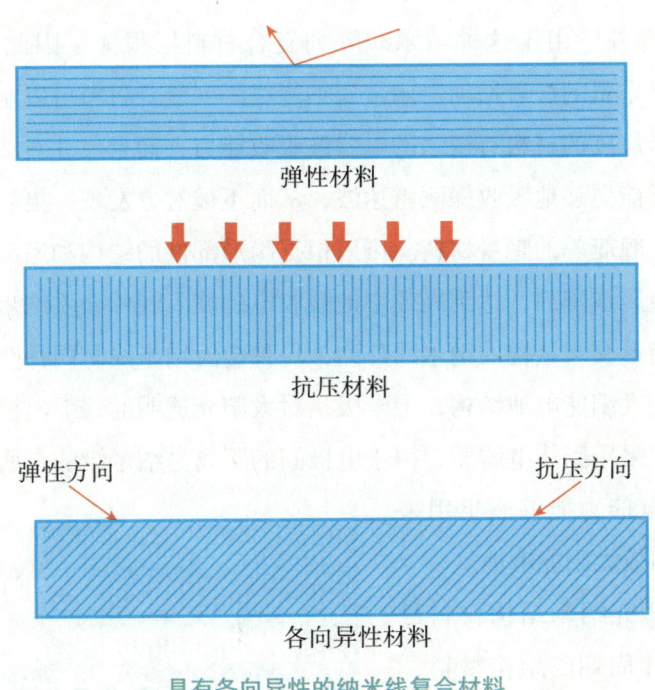

具有各向异性的纳米线复合材料

由于组装纳米线有方向性,相应的强度和柔性也有方向性,称这种现象为材料的各向异性。利用其各向异性可以制造新型材料,在某个方向有极大的强度,而同时在另一方向有很好的弹性。特别是用于制造具有各向异性的元件时,可根据元件的特性进行组装加工。在制造抗烧蚀材料和元件中,可类似碳纤维编织网中充入金属铜的"火箭喉"耐热抗烧蚀构件,将金属充入抗烧组件中。当受到高温冲击时,金属熔化、蒸发带走大量能量,从而保护了基底,达到了抗高功率冲击的能力。

用电化学沉积生长技术,能够很容易地制造结构完美的纳米线,将金属纳米线制成垂直于基底的纳米线阵列。用多层金属纳米线阵列材料可制造防激光武器的抗烧蚀膜,在铜膜上电化学生长铜纳米线,有三层或更多层。当激光武器、粒子武器束作用于膜层表面时,首先第一层铜纳米线蒸发,进而熔掉,遭到下面铜反射,然后蒸发第一层铜膜;余下的能量进入第二层,如此逐层下去,将高能粒子束的能量消耗掉,从而保护了抗烧蚀层以下的部件。

利用纳米复合材料的各向异性制造工件

由于这种纳米线阵列复合材料层很薄,因此不会产生飞行器、战车、舰艇重量的显著增加。用金属纳米线阵列复合材料可以制造电磁波吸收薄膜,由于纳米尺度的材料有很强的电磁波吸收能力,而且尺寸对波长不敏感,用此种材料的薄膜能更强地吸收探测雷达波,从而不被对方发现,更有效地做成军用飞行器、车辆、舰艇等的隐身材料。可以根据隐形部件的结构和运动特性,组装不同取向的纳米金属线阵列,达到高效率地吸收电磁波。利用介质纳米孔模板,可以制造不同金属指形交叉结构的纳米线阵列,每种金属纳米线与同种金属电极薄膜相连接,构成新型太阳能电池结构,上电极是对太阳光透明的,下电极具有高反射能力。模板的介质采用固体电解质,由于电极间的距离是纳米级的,所以目前已知的固体电解质导电能力能够满足用来制造这种新型高效太阳能电池。

当前人们研究纳米结构材料最多的是纳米尺寸周期的结构材料,如氧化铝多孔膜、氧化硅多孔膜,作为低介电绝缘膜应用于高频电路和器件中。另一种重要应用是光子晶体材料,它是用纳米尺寸材料为单元,构成满足可见光波周期结构,形成光学带隙结构。禁止带隙范围波长光传输。呈现类似半导体电子能带的特性,可对光进行调控。

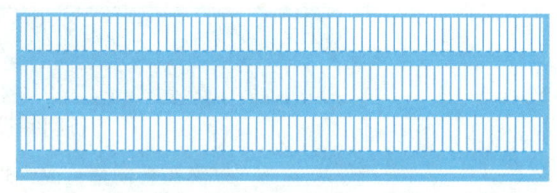

抗烧蚀的纳米复合材料

吸收电磁波的纳米复合材料

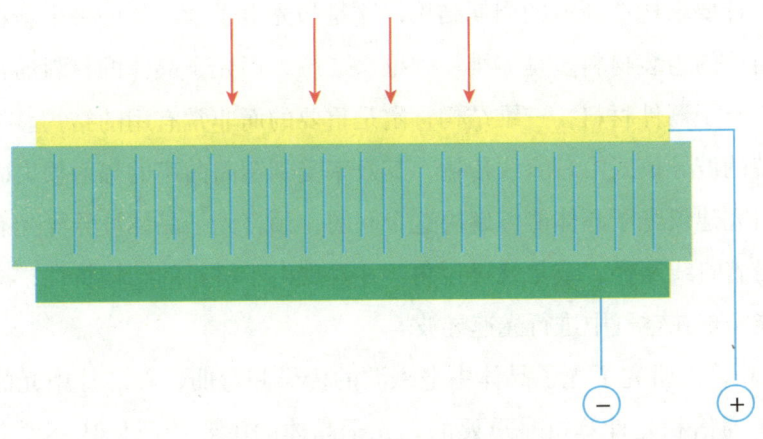

用纳米复合材料制造光电池

　　氧化铝多孔膜是用阳极氧化方法通过电化学腐蚀铝（Al）箔制造的，是阳极氧化铝（anodic aluminum oxide，AAO）六角排布的圆孔阵列，呈现蜂窝状结构的AAO中的通道有极高的长径比。用模板法合成小尺寸的功能材料，如聚合物、金属、半导体纳米线，碳纳米管和其他纳米材料。纳米结构的尺寸和形状由模板控制，可用于制造电子、光电和微机械器件。AAO孔的直径通过电化学腐蚀的酸浓度和电压控制，得到所希望的结构。通常AAO孔的直径范围是10～200纳米，孔长从1微米到50微米，孔的密度范围109～1011厘米−2。孔的分布是均匀的、平行的，下图（a）是AAO的结构图，（b）是AAO的SEM像。所以AAO膜是理想的模板，可用于制造纳米尺度的材料，如纳米粒子、纳米线、纳米管等。AAO同样可用于制造纳米结构阵列和各种纳米器件。

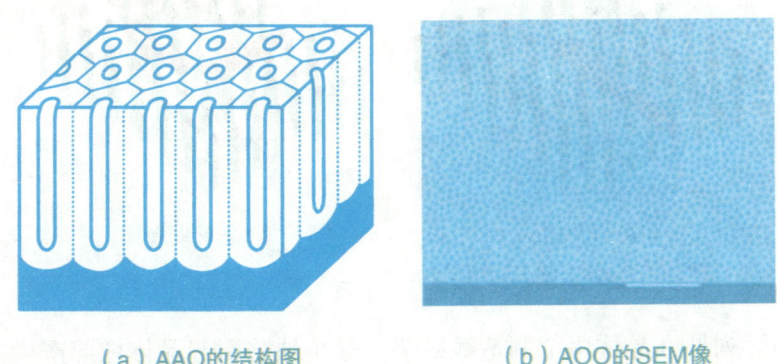

（a）AAO的结构图　　　　　（b）AOO的SEM像

　　光子晶体是近些年开发出来的科技新领域，它的材料多是从原子、分子组装开始,按设计要求构造新型的周期结构,这是与光电子学有关的一个新科学领域。此前我们讨论的组装材料多是零维、一维、二维,而光子晶体的材料通常要求是三维的。作为分子器件材料,三维结构肯定是重要的而非常有用的结构。传统的介质波导可支持的波导模式沿着直线传输,其效率受到弯曲曲率的辐射损失的限制。最近的理论研究建议光子晶体能够解决这个问题,预言光子晶体波导导光有很高的效率,或是沿着直线路径,或是绕过锐角。并发现由于材料的结构特性,减小了传导损失,可能实现在空气中进行光速导波。

S.Yu.Liu等人研究了光子晶体中电磁波的传导和弯曲,在芯片中光的有效传输和连接对于通信和光计算机是重要的。光子晶体的主要特征是某一频率段光传播被禁止,在光子晶体中的线缺陷态产生处于带隙中的缺陷带,起波导的作用。在光子晶体中的光被限定,沿着一维通道传播,因为带隙禁止进入晶体中的光逸出。波导弯曲可能控制光转过90°角。简单的散射理论预言存在反射波节,在波节处光通过弯曲处可以有100%效率传输。他们报告了用光子晶体缺陷构成的电磁(EM)波导,更重要的是观察到了近于完善的EM波的传输,在光子晶体中EM波可绕过尖锐的转角。用二维(2D)光子晶体,构成直线波导和弯型波导,即用铝圆柱的平方阵列构成2D光子晶体,介电常数 ε =8.9,半径r=0.20a,这里a是平方阵列的晶格常数。在实验中,选择a=1.27纳米,对于这个2D晶体,有大的光子带隙,光的偏振平行于柱的列,频率从0.32c/a(76吉赫)扩展到0.44c/a(105吉赫),这里c是光速。

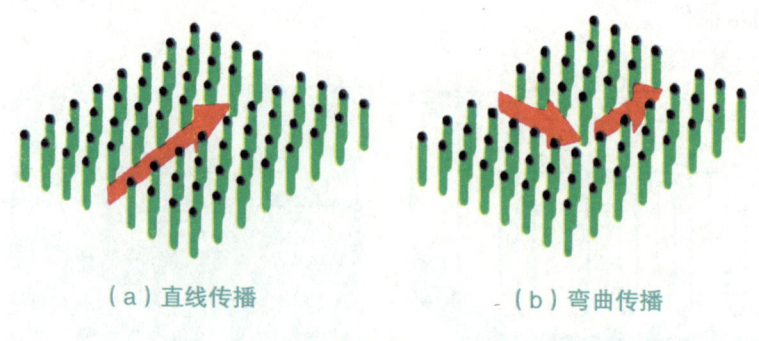

(a)直线传播   (b)弯曲传播

光子晶体波导

用移去一列柱在晶体内部制造线缺陷,这个缺陷引起晶体内部产生一个光传输模式,它的局域强度与特殊的建模频率有关;在中等带隙,波导模式扩展小于引入晶体中波长的一半。沿着线缺陷的平移对称允许导光模式可以用两个量子数来描述：频率f和波矢k。利用f对k的色散关系可唯一地表征了光在波导中的传播。沿着高对称晶体方向<10>色散关系的计算结果，给出波长λ（$ka/2\pi$）与频率的关系，与频率ν（fa/c）的关系，与PBG的实验结果一致。在截止点k=0处，色散有很强的非线性。在高频它变为线性，实际截止在光带隙的上分支，f=0.44c/a。波导模式的带宽很大，扩展到整个带隙宽度。选择晶格常数a=0.59纳米（红外范围），代替1.27纳米（毫米波范围），带隙中心位于波长λ=1.55微米。波导模式的带宽$\Delta\lambda$扩散范围为430纳米，适于光通信领域的应用。光子晶体是人工用纳米材料组装成的2D～3D周期材料，是现今光电子学的重要材料，在其基础上可构造光电器件和光电集成电路，这个方面的研究还刚刚开始，有丰富的理论和实验工作待进行。

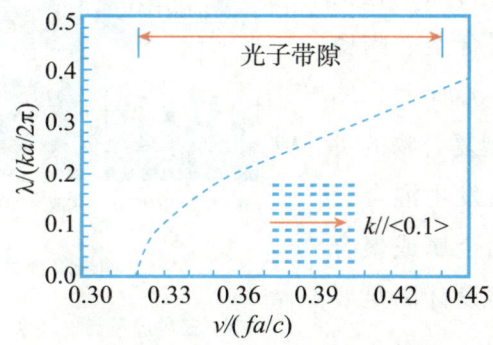

在<10>方向线缺陷波导模式的色散关系

第三节　纳米复合材料

纳米功能材料填充到另一种基质中构成具有新功能的材料，通常是宏观尺度的，其结构和特性与纳米材料有密切关系，称为纳米复合材料，是当前纳米材料研究的重要方面，涉及较多的是复合陶瓷材料和无机纳米材料悬浮于有机基质中的材料。

纳米材料结构和特性研究主要从两个方面进行，即实验和计算模拟，后者对于理解和选择陶瓷材料特性是重要的，将涉及粉末相、晶体结构和界面特性等。计算结果对于改进陶瓷的制造加工具有指导意义。现今实验技术进步到能够在原子尺度上进行加工，其中理解原子键合机制是制造先进陶瓷材料的关键。键合力在原子间分成金属、离子和共价键三种类型，见图（a），由于电子波函数的相互作用，有很小晶格常数的金属通常存在导带和价带的交叠。图（b）给出半导体和陶瓷的能带中有带隙结构。而聚合物和有机材料多为共价键结构，原子间有较强的耦合。传统材料加工包括三种主要类型：金属合金、陶瓷和聚合物，如图（c）所示。图（d）表示同一种类型复合物的可能结构，不同种材料发生混合，例如将陶瓷粉分散到金属或聚合物涂层中，构成一类设计满足要求的复合材料。图（e）为在层中不同类型的复合物材料，可用蒸发沉积技术或LB膜方法制备金属-半导体接触，显著提高抗腐

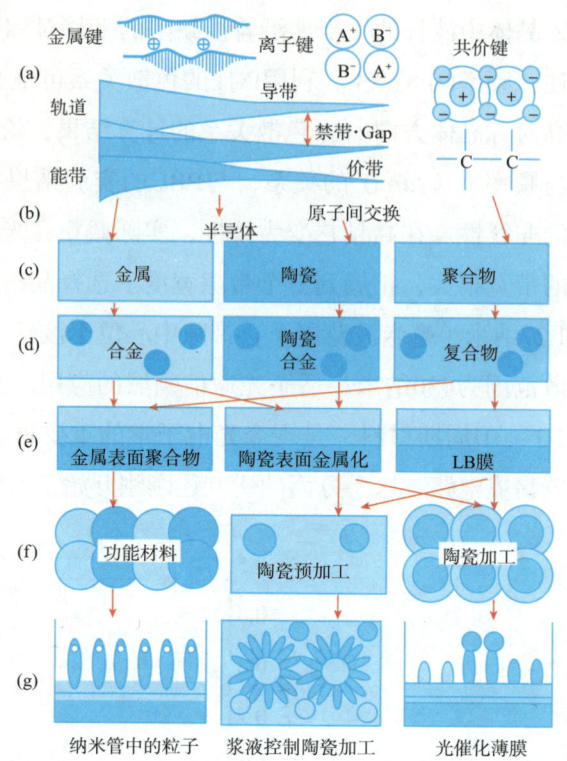

纳米复合材料结构

（a）三种原子键；（b）能带结构；（c）三种材料类型；（d）同种简单复合物；（e）层中不同类型复合物；（f）各种形式的复合物；（g）分子水平的复合物

蚀能力。图（f）为用新烧结技术制备的先进纳米结构的复合材料，如功能梯度材料（FGM），先驱陶瓷或表面粉末涂层材料等。现今研究已经达到原子、分子尺度上设计、制造更复杂结构的新材料，如图（g）所示。如碳纳米管（CNTs）/金属纳米粒子、纳米线制造各类复合物，界面参量控制是实现应用要求的关键技术。合成这类材料发生如此之多的相互反应，所以不能用一个公式描述，因此，需要用计算机进行数值模拟。根据需要人们已经发展多种计算方法，进行了系统的研究工作，取得了重要结果。在原子尺度进行计算，最重要的内容是表面或界面结构和有关的电子态。在粒子边界凝聚的杂质，将显著地影响材料的力学和电学特性。当晶体薄膜沉积在基底上时，发生位错，可能破坏电学特性。将粒子镶嵌在

基质中的复合物,对于高温应用需要考虑界面、体积分数对结晶形态和微结构的影响。对有机大分子的化学结构分析中,在陶瓷加工的水浆中含有多种材料,所涉及的添加、包缚、表面活化等,需要考虑不同成分间的各种作用。进而研究改善陶瓷结构的加工、原子分布、纳米尺寸效应、界面上的晶相和电子态等影响。

虽然纳米陶瓷还有许多关键技术需要解决,但其优良的室温和高温力学性能、抗弯强度、断裂韧性,使其在切削刀具、轴承、汽车发动机部件等诸多方面都有广泛的应用,并在许多超高温、强腐蚀等苛刻的环境下起着其他材料不可替代的作用,具有广阔的应用前景。至今被人们研究较多的陶瓷材料,如Al_2O_3、ZrO_2、Y_2O_3、MgO和其他成分混合,具有高硬度/高强度、耐高温/抗腐蚀等特性,可用于机械工业、化工和发动机等。然而这些氧化物的功能特性有些情况下不能满足要求,仍有大量的潜在功能需要探索。通过控制粒子边界的局部结构、成分、几何构形、空洞、晶粒和其他特征,可制造满足特定要求的新型陶瓷,具有选择的物理特性(电、光、热特性),化学特性(耐高温抗腐蚀),或力学特性(高温高强,超塑性),加在传统陶瓷高强度的基本特性上。可制备粒子尺寸<100纳米的浓缩体,满足超塑性(在高温下金属塑性成型)和室温、中温到高温下保持强度的应用要求。下图给出3Y-TZP纳米陶瓷的弯曲强度与粒子尺寸的关系,将含有3摩尔Y_2O_3正立方体的ZrO_2(3Y-TZP)分散在$MgAl_2O_4$中,当ZrO_2粒子尺寸从350纳米减小到100纳米时,其陶瓷的弯曲强度有很大的增加,从1吉帕到2吉帕。再经过晶化/浓缩退火过程处理,3Y-TZP弯曲强度会有显著增加,超塑性的应变率达到10^{-2}秒$^{-1}$。

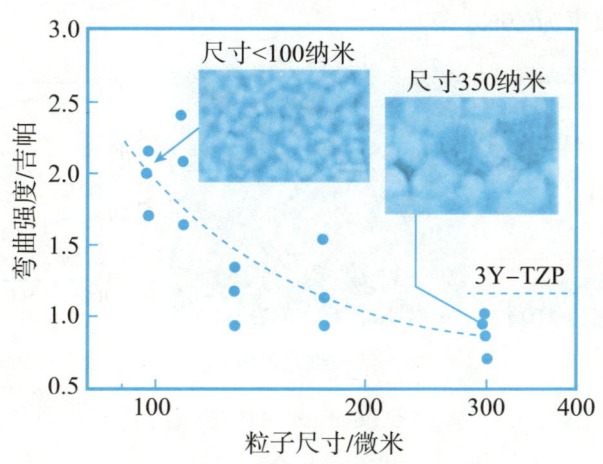

3Y-TZP纳米陶瓷的弯曲强度与粒子尺寸的关系

为了使材料具有显著增强的多种功能特性，设计需要考虑粒子边界局部结构和加入少量的阳离子的影响。研究各种边界加入不同种阳离子时，引起特性的改变，包括高温形变、力学特性、电学特性和结构稳定性等。用第一性原理分子轨道计算化学键态，描述见下图，表明粒子边界成键的可能，及其与传输有关的现象。通过模拟和实验来评价粒子边界的纳米结构与各种特性的关系。

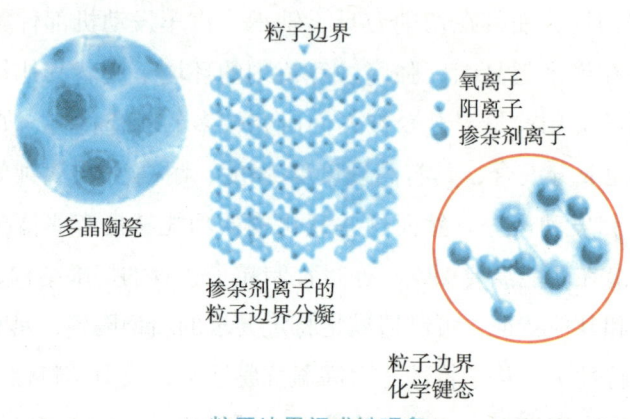

粒子边界间成键现象

W.U.Huynh等人报道了纳米线与有机物复合结构光电池的研究工作，他们将CdSe纳米线与聚己噻吩［poly（3-hexylthiopene），P3HT］混合，在两种材料之间发生电荷转移，即P3HT是电子给体，CdSe是电子受体，下图是纳米线/有机复合薄膜光电池：图（a）是P3HT分子结构，插图给出电子、空穴转移示意；图（b）是CdSe纳米棒的TEM像，直径7纳米，长为60纳米；图（c）是光电池的特性曲线，其最大功率的转换效率为6.9%。

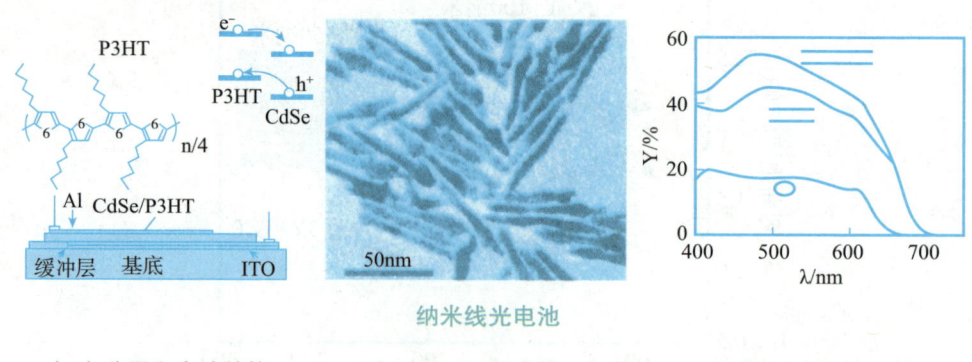

纳米线光电池

（a）分子和电池结构； （b）CdSe纳米棒TEM像； （c）量子效率曲线

结构纳米材料的制造开创了材料科技的新领域，有人用树脂和铝粉混合，进行工件成形，之后再加入铝粉在氮气氛中加热到540摄氏度烧结，去掉树脂，形成铝

第二章　纳米材料

密度达到95%的结构复杂的铝件，开辟了一种铝工件加工的新技术，认为此工艺可以推广到其他金属构件的制造上。将纳米线放入溶剂中，加电场进行纳米线方向统调，然后固化，制造新型纳米结构材料。这类用外场调控将纳米材料与有机溶剂复合，按设计的热处理程序制造纳米结构材料的技术，将会发展成为一种新型冶金制造工艺。

第四节　碳纳米材料

20世纪40年代，奥托·汉恩（Otto Hahn）研究碳弧放电中得到的某些重金属原子在质量上的细微差别，并尝试通过将中子与原子结合来构建更大、更重的原子，在试验中，发现完全由碳构成的链。他注意到碳弧放电过程中产生了碳链，其质量恰好与纯碳的质量相同。当时关于碳链的成果未立即受到重视，40多年以后相似的研究中发现了C_{60}和相关的富勒烯，以及后来的碳纳米管和石墨烯。

碳纤维化合物制成的环保材料

碳在宇宙演化中起重要作用，它有多种不同形式，并能形成丰富稳定的复合物。从碳原子到复合物的碳基分子、元素固态结构和碳化物结构。现在人们的知识是基于观察和实验室分析，研究至今仍缺乏理解空间碳材料的物理和化学特性。在已认识的118种星际和恒星分子中多于75%是碳基分子，星际尘埃（IS）中最多的成分是碳基。碳在宇宙演化中，从星际介质（ISM）的行星盘和小行星，到形成可居住的星体的有关过程中起重要作用，是研究生命起源的基础。在ISM的物理演化中碳起关键作用，因为它是自由电子的主要供应者。在弥散的IS云中，中性的碳射线（CⅠ）和碳离子（CⅡ和CⅣ）是碳传输的通道，这个传输过程加热了IS气体，通过光谱能够测量体系的密度和温度。相似的存在一氧化碳（CO）循环，它是由碰撞激发氢分子（H_2）过程，通过天体空间光谱发现宇宙中分子气体的运动轨迹，猜测宇宙中到处都存在分子、固态结构，其中主要成分是碳基材料，多数是多芬芳碳氢化合物（PAHs），碳链分子，碳原子团和碳基固体。这些有关天体物理的研究是导致发现碳的新形态和富勒烯（fullerenes）的化学基础。

在人类生活的环境中，元素碳、化合物碳、有机物中的碳和生物中的碳也是普遍的、稳定的和丰富的。因此碳是自然界分布最普遍的元素之一，也是构成地球上一切生命体最重要的元素。原子之间的联系称为键，碳原子间不仅能够以sp^3杂化轨道形成单键，还能以sp^2及sp杂化轨道形成稳定的双键和三键。一个碳原子可以通过单键、双键或三键方式与其他原子连接。因此，除了自然界存在多种同素异形体的碳材料外，科学家们通过实验还研究了许许多多结构和性质完全不同的碳材料，如人们熟悉的金刚石、石墨，以及以C_{60}为代表的富勒烯（包括多层的同心球，称其为巴基球），碳纳米管，石墨烯，以及纳米线、粉体、炭黑等。以碳元素为主要构成的有机高分子材料，包括塑料、橡胶和纤维等，已发展成为材料学三个主要学科方向之一。而以碳元素本身，通过不同结构、组合，也形成一个独特的无机非金属材料世界。这些新型碳材料的特性几乎可涵盖地球上所有物质的性质，甚至相对立的两种特性，如从最硬到极软、全吸光-全透光、绝缘体-半导体-导体、绝热-良导热、高温铁磁体、高临界温度的超导体等。碳原子能以不同的方式与多种原子连接，形成小到几个原子、大到上百万个原子的分子。这种独特的多样性奠定了生命的基础，它也是与人类生命密切相关的学科——有机化学的核心。碳是地球生命的核心元素，地球上几乎所有的有机物质都含有碳元素。碳原子可形成长键链和链环，将氢和氧等原子缠绕固定在一起，形成双原子化学分子，又称为双重束缚。碳-碳双键的链状有机分子称为烯烃。将分子部件重新组合成性能更优越的物质。通过换位反应，双原子分子可以在碳原子的作用下断裂，从而使原来的原子结构改变位置，换位过程需要加入某些特殊化学催化剂。这就是烯烃复分解反应，该反应借助特殊的催化剂，使碳原子旧的束缚不断被打破，新的束缚不断形成：各种元素换位，重新组合，从而形成新的有机物。

一、石墨与金刚石

金刚石和石墨的化学成分都是碳（C），但是它们的结构和性能却完全不同，称其为"同素异构体"。金刚石是最硬的物质，而石墨却是最软的。用摩氏硬度来表示相对硬度，金刚石为10，而石墨的摩氏硬度只有1。它们的硬度差别之所以大，是因为它们内部结构存在很大差异。石墨内部的碳原子呈层状排列，一个碳原子周围只有3个碳原子与其相连,碳与碳组成了六边形的环状,无限多的六边形组成了一层,如图所示。层与层之间联系力非常弱,而层内三个碳原子联系很牢,因此受力后层间就很容易滑动,所以力学性能很软,有各向异性的导电行为。石墨最常见于变质岩中,是有机碳物质变质形成的,煤层经热变质也可形成石墨。有些火成岩中也可出现少量石墨。石墨可用于制造电极、润滑剂、铅笔芯、原子反应堆中的中子减速剂等,也可以用作坩埚以及形成金刚石的原料。

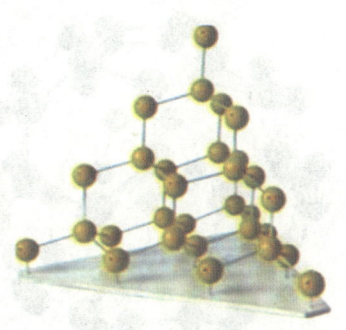

金刚石晶体结构图

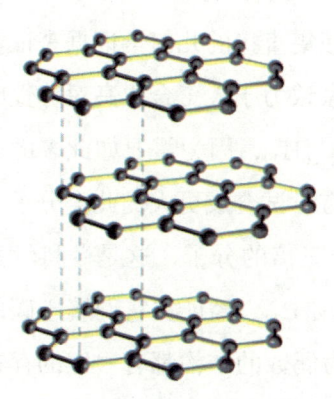
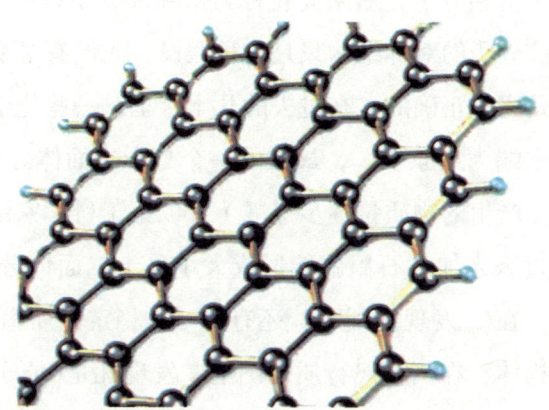

石墨原子结构示意图

金刚石内部的碳原子是一个碳原子周围有4个碳原子相连,因此在三维空间形成了一个骨架状。这种结构在各个方向联系力均匀,联结力很强,因此金刚石具有高硬度的特性。天然金刚石是一种珍稀矿物,是宝石之王,因为它是世界上最硬的天然材料。琢磨后的金刚石透明有光泽,能呈现出极艳丽的色彩,成为世界上最昂贵的珍宝。金刚石在光学玻璃冷加工、超硬金属(W、Mo)丝加工、地质钻探、陶瓷、汽车零件机械加工等方面引起了革命性的工艺改革。

二、富勒烯C_{60}

在1985年,英国天文学家克罗托(H.Kroto)说服一位美国赖斯大学的斯莫利(Rick Smalley)教授合作研究在实验室条件下对红巨星的成分进行模拟分析。在斯莫利的飞行质谱仪中,检测在氦气流中激光蒸发的石墨纳米粒子,质谱图显示在720处峰十分强,每一碳原子的质量是12,这意味着C_{60}可以形成并存在于质谱仪

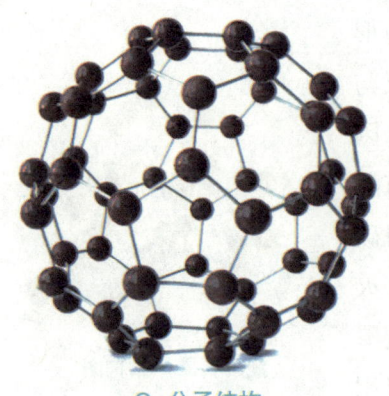

C_{60}分子结构

的高能环境中，表明60个碳原子的聚合体出于某种原因特别稳定。当时虽然质谱仪清楚地显示出C_{60}存在的证据，但检测到的量太少，尚不足以进行结构分析。经过几天的集体讨论，形成了一个假设：60个碳原子排列成类似足球结构，见左图，空心球结构。因这种结构上的对称性，早在大建筑师布克敏斯特·富勒（Buckminster Fuller）的某些建筑物中就已出现，因此科学家将此分子命名为布克敏斯特·富勒分子，后来简化称为富勒烯分子，将结果发表在著名的刊物"Nature"上。该分子的对称结构只是一种假设，人们有必要搜集直接的几何学证据来证实此结论是完全正确的。在过去的几十年里，一些化学家致力于人工合成高对称性的碳笼（末端为氢原子），最大的一个是十二面体分子$C_{20}H_{20}$，因为需要如此多的反应步骤（产生的物质量逐步递减），以至于科学家没有尝试合成更大的此类分子。只需通过激光加热石墨就能形成大小是十二面体分子三倍的分子，这是令科学家惊奇的。在C_{60}发现的同时，还有另一个稳定的质谱峰是C_{70}，经证实它们属于碳的同素异构体，在当初飞行质谱图上，发现凡是C原子为偶数的结构都有一定的存在概率，而为奇数的则不稳定，有一些结构如C_{82}存在的稳定性仅次于C_{70}，将这一类的C原子结构命名为富勒烯（Fullerene），这是一类新的碳同素异构体。

C_{60}本身是不导电的绝缘体，但当碱金属原子嵌入C_{60}分子的空隙后，C_{60}与碱金属形成的系列化合物就成为超导体，如K_3C_{60}，如右图所示结构。这种超导体具有较高的超导临界温度。与氧化物超导体比较，C_{60}系列超导体具有完美的三维超导性，电流密度大，稳定性高，易于加工成线材等优点，是一类有价值的新型超导材料。C_{60}和有机分子作用可形成不含金属的软铁磁性材料，其居里温度为16.1开，

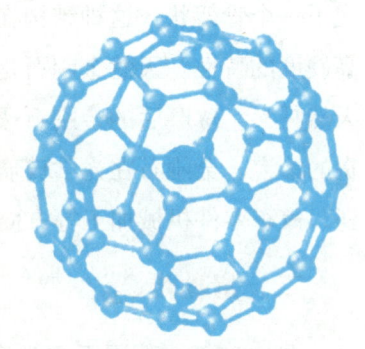

内装入一个金属原子锂（Li）原子

高于迄今报道的其他有机分子铁磁体的居里温度。由于有机铁磁体在磁性记忆材料中有重要应用价值，因此研究和开发C_{60}有机铁磁体，特别是以廉价的碳材料制成

替代价格昂贵的金属磁铁具有重要的意义。由于C_{60}分子中存在三维高度非定域电子共轭结构,因此它具有良好的光学性能。由于它具有较大的非线性光学系数和高稳定性等特点,C_{60}作为新型非线性光学材料具有重要的研究价值,有望在光计算、光记忆、光信号处理及控制等方面有所应用。将具有特殊笼形结构及功能的C_{60}作为新型功能团引入高分子体系,将得到具有优异导电、光学性质的新型功能高分子材料。

三、碳纳米管

碳纳米管可以看作是石墨的一个奇异变种,其结构相当于把石墨的平面组织卷成管状。碳纳米管包括单层壁和多层壁两种类型:前者由一层石墨层构成,后者为多层壁的碳纳米管,可由二至数十层同心轴的石墨层圆筒构成,其石墨层间距为0.34纳米。不管是单层壁还是多层壁碳纳米管,碳管的前后端都有与C_{60}结构相似的半圆形帽,使整个碳管成为一个封闭结构。碳纳米管也是碳族的成员之一。碳纳米管一经发现,就成为纳米科技的主要研究方向。它的很多奇异性能令研究人员十分惊讶。科学家发现,碳纳米管具有强度高、韧性好、重量轻、性能稳定、柔软灵活、导热性好、表面积大等诸多优点。如果沿碳纳米管边沿的六边形是沿着长轴方向平行排列的,碳纳米管就具有金属特性,能够导电。如果管壁的六边形呈螺旋状排列,该碳纳米管就具有半导体的性质。碳纳米管的这些奇异性能,预示着它在物理、化学以及材料科学领域将有重大的发展前景和研究价值。比如在材料科学领域,碳纳米管的长度是其直径的几千倍,被称为"超级纤维"。它的强度比钢高100倍,但密度只有钢的1/6。利用碳纳米管可以制成高强度碳纤维材料。在储氢、新型电池、陶瓷、塑料、显示器件和电子器件方面都具有应用潜力。

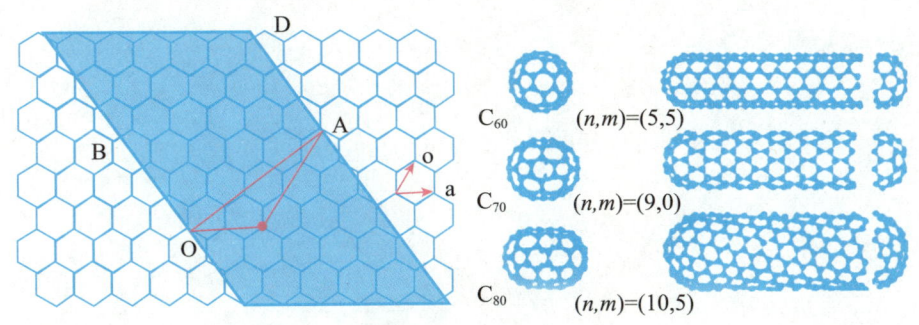

碳纳米管的结构示意图

四、生命中的碳

碳元素广泛存在于茫茫苍穹的宇宙间和人类生存的地球上，碳在生命演化中也是关键元素。碳是地球上一切生物有机体的骨架元素，也可以说没有碳元素就没有生命。其奇异独特的物性和多种多样的形态随人类文明的进步而逐渐被发现、认识和利用。差不多所有对生命具有重要意义的分子骨干成分都是由它构成的，例如DNA、氨基酸、蛋白质、生物酶、细胞、细菌、病毒等。碳的独特性质源自它能与自身形成稳定的键，大多数其他元素更倾向于跟不同的元素形成化学键。令人吃惊的是，碳与其他少数几种元素（例如氢、氧、氮）形成的化合物比其他所有大约100种元素形成的化合物还要多。

从20世纪80年代开始，世界上一批先驱者提出研究分子电子学，以有机分子及其复合物为主要材料，其特点不仅在分子尺度上构造、组装光电功能器件、电路，而且有自检测、自纠错、自修复的能力。从21世纪开始，纳电子学出现的同时，发展了生物电子学，开始研究动物脑细胞信息加工的特征。人们预计分子电子学和生物电子学可能是未来智能信息时代的重要基础。

第三章 纳米物理学

第一节 多粒子系统及量子统计

在量子物理中,人们用波函数来描述微粒的运动状态,波函数有振幅和相位,遵从波的叠加原理,因而有一系列与相位相联系的波动现象,如干涉、衍射等。这是量子物理描述与经典描述的最本质区别。在量子物理中,我们讨论了少数几个粒子时的情况,但纳米尺度下,一般是由成百上千个粒子组成的体系(大分子除外),简单的对个别粒子求动力学解是不行的,必须采用概率与统计的方法。统计物理就是研究大量粒子组成的体系的物理性质。

纳米薄膜

采用统计方法,势必导致一些新的,在量子物理中没有的概念,这些概念在热力学中是从现象入手引入的,它们是统计物理基础,对粒子体系的描述用经典力学就是经典统计,若采用量子物理的方法就是量子统计。

一、热力学基本知识

热力学是把多粒子的宏观体系（以每个粒子而论将具有极大的自由度）所示的热现象只用宏观物理量来描述的理论体系。最基本的两个定律是：①关于热现象能量守恒的热力学第一定律；②反映不可逆过程的存在，决定过程进行方式的热力学第二定律。

与外界完全隔绝的独立体系称为孤立系，孤立系统的各种物理量不再进行变化的稳定状态称为热平衡状态。根据系统热平衡状态各种表现而决定其值的量称为状态参数。

根据热力学第一定律，存在系统的内能U这样的状态参数。系统从初态Ⅰ变化到终态时Ⅱ，系统内能的增量等于外界给予系统的热量Q与功W的和

$$U_{\mathrm{II}} - U_{\mathrm{I}} = Q + W$$

Q、W的变化与过程有关，因此它们的微笑变化量不是全微分，用符号d'表示不全微分。

根据热力学第二定律，存在着一个状态参数——熵（S），对于系统从状态Ⅰ变化到状态Ⅱ的任意变化过程c，有下述公式所表示的物理含义

$$\int_c \sum \frac{\mathrm{d}'Q}{T} \leq \triangle S$$

式中，$\mathrm{d}'Q$为系统各部分从外界（温度为TC）接受的热量；$\sum$为各部分之和。积分沿过程c路线进行。对于无限小过程，上式为

$$\frac{\mathrm{d}'Q}{T^c} \leq \mathrm{d}S$$

对于可逆过程，上式为

$$\int_c \sum \frac{\mathrm{d}'Q}{T} \leq \triangle S \leq \triangle S \equiv S_{\mathrm{II}} - S_{\mathrm{I}}$$

对于孤立系，系统与外界完全隔离，式中左边为0，则上式为

$$\triangle S \geq 0$$

这就是熵增加原理。从宏观看，系统的任一宏观态都应有确定的熵值，熵是系统状态的单值函数。系统任一状态的熵就是系统各部分熵的总和。从微观看，系统的每一宏观态都对应一个确定数目的微观态数，因此熵又是微观态数目的函数。热力学第二定律的统计意义是：一个不受外界影响的"孤立系统"，其内部发生的过程，总是由概率小的状态向概率大的状态进行，由包含微观状态数目少的宏观状态向包

含微观状态数目多的宏观状态进行。

二、多粒子系统和统计物理

任何宏观热力学体系都是由大量微观客体（如分子、分子集团、原子、电子……）构成，要研究体系的宏观性质，也可以从体系的微观结构出发，为此不但要研究各种宏观量与微观结构间的关系，而且有必要探讨微观粒子所服从的物理规律（量子物理）和大量微观粒子组成的体系所服从的物理规律的异同。体系的整体性质不是个体性质的简单的叠加。在大量粒子的集合中，所出现的不同于力学规律的新的规律性称为统计规律性，它的特色有二：①大量粒子的集合具有统计规律性，表现为在体系中个别粒子的行为受偶然性的支配，而整个体系的行为却受必然性支配。这种必然性，反映为体系的宏观量具有确定的必然的数值，而这种偶然性，反映为体系的不同的微观状态各以一定的几率出现。②为了求得体系的宏观量，统计物理将采取统计平均的手段。统计物理学的根本任务就在于从物质的微观结构出发来推求体系的宏观性质。

科学家创造出粒子103维纠缠态

1.多粒子系统微观运动状态的描述

具有完全相同属性的粒子，如相同的质量、自旋、电荷等，被称为全同粒子。在经典物理中，尽管全同粒子的属性是相同的，但它们是可以辨认的。由多个全同粒子所组成的系统的微观运动状态，是由系统中每个粒子的力学运动状态确定的。

当全同粒子的量子效应突出时，粒子是不可能辨认的。也就是说在含有多个全同粒子的系统中，任何一对全同粒子加以交换，不改变整个系统的微观运动状态。

但是，有的量子粒子的空间位置是被固定于一个区域的，比如晶体中的原子（或离子实）被定域于其平衡位置附近作微振动，虽然这些原子的其他属性相同，但仍可用粒子的位置加以分辨，对于这样的系统，称为定域地量子系统，这种量子粒子称为定域子。定域地量子系统的微观运动状态，由每个定域子的个体量子态决定。定域子所遵从的统计规律为玻尔兹曼统计，定域子系统也被称为玻尔兹曼系统。

对于非定域地量子系统，由粒子的波-粒二象性决定，量子粒子是以德布罗意波形式弥散于整个允许存在的空间，不可能将两个粒子（实际是两列叠加在一起的波）从空间意义上分开，也就是说，它们是不可分辨的。我们只能说出处于某个单粒子态的粒子所占粒子总数的百分比，不能确定到底哪个粒子处于这个单粒子态。对于非定域地量子系统的微观运动状态的描述，不是给出每一个粒子所处的单粒子态，而是给出整个系统的粒子在各个可能的单粒子态的个数的百分比分布情况。

量子全同粒子在占据个体量子态时，又分为玻色子和费米子。

（1）玻色子系统。微观粒子的自旋是客观存在的，并且用自旋量子数来确定它的状态。我们规定自旋量子数为整数和0的微观粒子称为玻色子（Bose）。光子的自旋量子数为1，是典型的玻色子。全同的玻色子组成的系统遵循全同性原理，就是说任意交换两个粒子，不构成系统新的微观状态。因此，它的任意一个单粒子态对填充的粒子数无限制，也就是说，允许有多个玻色子处于同一单粒子态。玻色子系统所遵从的统计规律是玻色-爱因斯坦统计。

（2）费米子系统。自旋量子数为半整数的微观粒子称为费米（Fermi）子，例如电子、质子等。上节，我们介绍多电子原子中的电子分布时曾指出过m_s称为电子自旋量子数，且$m_s=\pm\frac{1}{2}$，因此电子是典型的费米子。费米子组成的系统同样遵循全同性原理，但它还遵从泡利（Pauli）不相容原理，即任意一个单粒子态，最多只能被一个粒子占据（或空着）。费米子系统所遵从的统计规律是费米-狄拉克统计。

现已发现的60种基本粒子中，电子、质子、中子、中微子、夸克都是费米子；光子、介子、π介子等都是玻色子。

由定域子、玻色子、费米子组成的系统，粒子占据个体量子态的情况不同，系统的微观运动状态的描述也不同。

2. 统计物理的基本原理

统计物理研究的是大量粒子组成的宏观系统，当粒子数目非常大时，出现了一种新的规律——统计规律。

经典力学的规律是确定论的，给定一个粒子（物体）的初始条件，根据牛顿力学原理，就可以解得它在任一时刻所处的状态（如广义坐标，广义动量等）。在量子物理中，粒子的坐标和动量不能同时确定，其微观态可用一组量子数来表征。经典力学是量子力学极端化的情况。统计物理是研究大量粒子组成的宏观体系的物理性质的，它是建筑在各组成部分的动力学基础之上的。由于粒子数目是宏观量（例如：10^{23} 个/摩尔），无法对个别粒子求动力学解，必须采用概率与统计的方法，力学量在一定的微观态有相应的取值，称为微观量，一部分宏观量（如能量、压强等）与微观量有直接的对应关系，根据力学原理可知其微观量的表示及数值，实际测量获得的宏观量是一种平均值。我们知道，宏观量的测量总需要一段时间，尽管这段时间可以控制，在宏观上看是很短的，但对于微观运动，它仍然是相当长的。比如我们以 10^{-6} 秒的时间观测理想气体（10^{19} 个分子/立方厘米），该气体在1立方厘米内的碰撞频率将达到 10^{23} 次/秒，那么在 10^{-6} 秒内的碰撞次数将是 10^{17} 次，可见仍然是宏观短微观长。我们的测量结果总会是微观量的平均值。因为在这段时间里，微观运动的状态已经无规则地变换多次了，可以说，几乎所有可能的状态都出现过了。因此，也可以说，测量结果等于相应微观量对可能出现的微观态的平均。这就是统计物理学的基本原理：宏观量是相应微观量的统计平均值。根据这一原理，只要知道微观状态出现的概率，便可求得与该微观量相对应的宏观量——微观量的统计平均值。

统计规律还有两个重要特征：

（1）统计规律是大量偶然事件的总体所遵从的规律；热现象是大量分子热运动的集体表现，单个分子的运动属偶然事件，大量分子的热运动从总体上表现出来的热现象，遵从着确定的统计规律。

（2）统计规律和涨落现象是分不开的。由于实验观测的宏观量数值往往与从统计规律所给出的统计平均值之间存在或多或少的偏差，我们把这种偏离现象称为涨落。如布朗运动，电信号中出现的噪声都是涨落现象。

三、量子统计简介

量子统计就是把统计法原理建立在量子物理的基础上，统计法的原则不变，而对其粒子性质的讨论要应用量子物理的波-粒二象性。在经典统计规律中，我们重点介绍的是麦克斯韦-玻尔兹曼分布，它的特点是将粒子看成是可以区分的。我们在多粒子系统中介绍了费米子系统，并指出费米子系统应当遵从费米-狄拉克分布；同时介绍了玻色子系统，并指出这类粒子将遵从玻色-爱因斯坦分布。为了讨论的方便，我们首先回顾排列组合的相关知识，进而在统计物理和量子物理的基础上讨论这两种量子统计分布。

1.排列组合有关知识回顾 下面讨论的是纯数学问题

（1）若有n个可区分的小球，排成一列，应有$n!$种不同排列的方法

$$n!=n(n-1)(n-2)\cdots(n-n+1)$$

（2）若有n个可区分的小球，放入g个盒子中，$n \leq g$，每个盒子中不能放置超过1个小球，则应有$g!/(g-n)!$种不同的放法。这是因为第一个小球有g种放法，第二个小球就剩下$(g-1)$种放法了，以此类推，最后一个小球仅有$(g-n+1)$种放法，因此

$$g!=g(g-1)\cdots(g-n+1)(g-n)(g-n-1)\cdots 1$$
$$(g-n)!=(g-n)(g-n-1)\cdots 1 \qquad \text{（证毕）}$$

（3）若有n个不可区分的小球，放进g个盒子中（$n \leq g$），每个盒子中只能放入不超过1个小球的放法，应该有

$$g!/n!(g-n)!$$

种放法。（证明略）

2.费米-狄拉克统计

在由费米子（如电子）组成的系统中，若有N个粒子分布于n个离散的能级（能级为$E_1, E_2\cdots, E_n$；），若每个能级又存在g_i个简并度，就是说每个能级有$g_1, g_2, \cdots, g_i$个既有相同能量又具有不同量子数的量子态。现在要求得出这N个费米子是如何按不同能级分布的。

（1）由于费米子属于不可区分的，且遵从泡利不相容原理。由排列组合可知，在能级E_i上有n_i个粒子要分配到g_i个量子态上去，分配方法应当有

$$\frac{g_i!}{n_i!(g_i-n_i)!} \qquad (i=1, 2, \cdots, n)$$

种，我们把每种方法称为系统的一种微观态，记作Ｗi。因此我们把N个费米子分配到Ei，（i=1, 2, …, n）个能级上，使每个能级上分配到ni个粒子，而这ni个粒

子又能在ni这同一能级上分配到ni个量子态上，系统所有可能的微观态数应为

$$W=W_1W_2\cdots W_i\cdots W_n=\pi\frac{g_i!}{n_i!(g_i-n_i)!}$$

这就是费米-狄拉克分布概率。

（2）根据热力学第二定律的统计意义可知，孤立系统达到平衡的过程总是由包含微观状态数目少的宏观状态向包含微观状态数目多的宏观状态进行，也就是说应当向W趋向最大的方向进行。为此，我们必须先求出W的极大值，进而得到系统中N个粒子在各能级的分布。

W极大值求法的思路为：①写出W的对数lnW；②利用斯特林近似公式加以简化；③求lnW对ni的微分，且使其为0。按照这个思路计算我们得到

$$n_i=\frac{g_i}{e^\alpha e^{\beta E_i}+1}$$

这就是N个费米子组成的系统，处于平衡态时粒子数在具有gi个简并度的Ei能级上的分布律，亦称费米-狄拉克分布。可以证明式中的a=-E_F/kT，β=1/kT（E_F费米能）。

（3）Ei能级上，每一个量子态被粒子占有的平均概率

$$f(E_i)=\frac{n_i}{g_i}=\frac{1}{e^\alpha e^{\beta E_i}+1}=\frac{1}{e^{(E_i-E_F)/kT}+1}$$

称为费米-狄拉克分布函数。

由于分母恒大于（或等于）1，说明f（Ei）≯1，即对于费米子，每个量子态中不可能有多于1个粒子的可能。

（4）下图给出了在温度了T=0和T>0时费米-狄拉克分布函数f（E）与E的关系曲线。

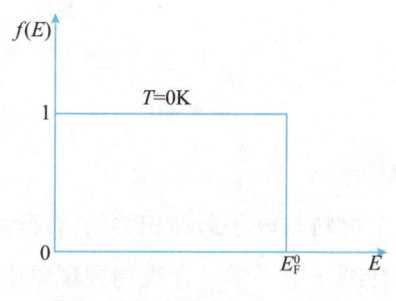

费米-狄拉克分布函数关系图

（T=0时）

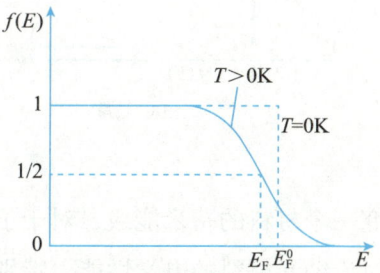

费米-狄拉克分布函数关系图

（T>0时）

①在T=0K时，量子态被占有的概率

$$f(E) = \begin{cases} 1 & \text{当} E < E_F^0 \\ 0 & \text{当} E > E_F^0 \end{cases}$$

这表明能量比E0f小的能级全部被占满，而能量比E0f大的能级全空着。E0f被称为=0K时的费米能，它是在热力学温度为绝对0时，粒子占据的所有量子态中具有的最高能量。

②在T>0时，当E=EF时，量子态被占有的概率

$$f(E) = \frac{1}{e^{(E-E_F)/kT}+1} = \frac{1}{2}$$

当E<EF时，$f(E) > \frac{1}{2}$

当E>EF时，$f(E) < \frac{1}{2}$

当E<<EF时，$f(E) \to 1$

当E>>EF时，$f(E) \to 0$。

（5）讨论费米能是因为在固体（金属、半导体）中费米能级在能带结构图中的位置决定了固体的导电特性。可以证明，金属的费米能级在导带中间，而且在EF以下的能级基本上被电子填满，而半导体的费米能级於位于禁带中间，而且距满带顶和距空带底都比大很多，如下图所示。

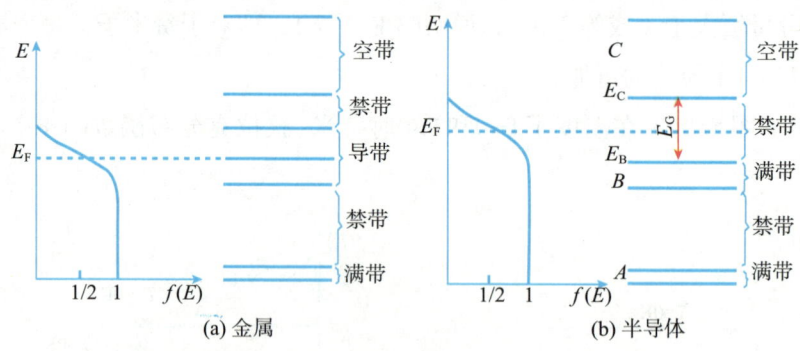

费米能带结构图

研究一个材料的费米能级，对于了解这个材料与电子运动相关的物理性质很重要，在讨论纳米材料的电学性能，特别是解释纳米电子学、介观物理现象中，费米能级的概念很重要。

3.玻色-爱因斯坦统计

由玻色子（如光子）组成的系统中，若N个粒子分布于n个离散的能级（能级

为 E_1，E_2，…，E_n），每个能级的简并度设为 g_i，每个能级上可能的粒子数为 n_1，n_2，…，n_n（条件与费米-狄拉克统计所讨论的一样），显然

$$\sum_i n_i = N$$

但是，玻色子与费米子的区别在于，费米子遵从泡利不相容原理，任一个粒子态，最多只能被一个粒子占据；而玻色子却不是这样，任一个粒子态可允许多个玻色子所占据，因此玻色子所遵循的统计规律也与费米子完全不同。我们将能级 E_i 上的一个不可区分的粒子，不受限制地分配到 g_i 个量子态上（每个量子态上可以是 0，1，2，…甚至是全部 n_i 个），所有的分配方式数应为

$$\frac{(n_i+g_i-1)!}{n_i!\,(g_i-1)!}$$

N 个粒子的系统的这种分配方式数应为

$$W = W_1 W_2 \cdots W_n = \prod_i \frac{(n_i+g_i-1)!}{n_i!\,(g_i-1)!}$$

这就是玻色-爱因斯坦分布概率。与对费米-狄拉克分布律讨论类似，通过求取可能组态的最大值（W 的极大值）来推断这 N 个粒子的能级分配。

$$n_i = \frac{g_i}{e^\alpha e^{\beta E_i}-1} \quad (i=1, 2, \cdots, n)$$

这里 $\beta = 1/kT$，e^α 为一个不小于 1 的常数，这就是 N 个近独立的玻色子组成的系统，处于平衡时，粒子在具有 g_i 个简并度的能级 E_i（$i=1, 2, \cdots, n$）上数目的分布律，称为玻色-爱因斯坦分布。

能级 E_i 上每一个量子态的平均粒子占有数，或说一个量子态的平均概率为

$$f(E_i) = \frac{g_i}{e^\alpha e^{\beta E_i}-1} \quad (i=1, 2, \cdots, n)$$

$f(E)$ 称为玻色-爱因斯坦分布函数。

从式中可以看出，对玻色子，一个量子态粒子的平均占有数，可取 0 到无穷大，一个量子态上可占有任意多个玻色子。

第二节　介观物理

人们通常把所研究的物质系统，按其尺度和所含原子、分子的多少而分为两类：一类是宏观系统，另一类是微观系统。

微观系统是指尺度在埃（Å）（1Å=10^{-10}m）数量级，其中包含的粒子数量不多，系统的物理性质决定于量子物理，微粒所具有的波-粒二象性，对其状态描述的德布罗意波函数和薛定谔方程起着决定性作用。

宏观系统是由大量微观粒子构成，空间的尺度远大于德布罗意波长。因此这些粒子的状态波函数之间没有足够的相位相关性，微观粒子的量子特性由于统计平均的结果而被掩盖。所以宏观系统的物理性质，不但决定于各个粒子的力学规律，而且取决于大量微观粒子运动的统计平均。除超导电性是在宏观物理量上出现与相位相联系的量子效应外，微观粒子波函数相位的作用被掩盖而显示不出来。

纳米体系是指在1~100纳米尺度范围内的物质世界，它必然要包含几百到几万个原子，介于微观和宏观系统之间，应当接近介观系统的范围。介观系统是指包含10^8~10^{11}个微观粒子的体系，由于介观系统物理已经发展了近70年，因此有许多现象和理论比纳米物理更成熟，可以作为纳米物理的借鉴，因此本节要对介观物理进行介绍，有助于对纳米体系物理现象的理解。

一、介观系统和介观物理

介观系统的尺度为微观尺度的10^8~10^{11}倍。一方面介观系统是宏观的，可在实验室中制备，进行常规的物理测量；另一方面它又显示出量子物理的特征，和宏观体系十分不同。由于微加工技术已经达到介观体系的尺度，随着尺寸的减小，传统的电子器件首当其冲地表现出已接近它的工作原理的"物理极限"。因此促进了对介观物理的研究。

介观系统的物理性能类似于宏观系统的定义和测量，同时又反映出量子物理效应，即表现出强烈的非定域性和剧烈的起伏干扰，因此，介观物理学关注的是显现出微观特征的宏观体系。

二、介观物理典型成果

1.传导电子的量子干涉现象

一个电子在固体中的输运过程中要经历大量的碰撞，一类是电子与各种晶体缺陷（化学杂质、空位、晶粒间界、粗糙界面等）之间的散射，由于散射体的质量远远大于电子，这种碰撞基本上是弹性的，不改变电子的能量而只改变电子的运动方向（电子的动量）。另一类是电子与晶格振动（声子），电子与电子之间的碰撞，这种碰撞是非弹性的，引起能量在电子–声子、电子–电子之间的转移。电子具有波–粒二象性，它是由波函数来描述上述的碰撞过程，实际上是电子波的散射过程，这个过程会不会把电子波的位相搅乱呢？1957年兰达指出弹性散射（弹性碰撞）不改变电子波的相位相干，保持电子的相位记忆，只有非弹性散射（非弹性碰撞）才会改变电子波的相位相干。简单推证如下：

设t=0时，两相干电子波ψ_1和ψ_2自A点分开，在各自路径上受散射后，在t时刻汇合于B点。设只考虑散射引起的相位变化而不计振幅改变，则两电子分别经过一次非弹性散射，使两个电子的能量从E0变为E1和E2，那么在汇合点B，二电子的波函数分别应为

$$\begin{cases} \Psi_1 = \Psi_0 e^{-E_1 t/h + ia_1} \\ \Psi_2 = \Psi_0 e^{-E_2 t/h + ia_2} \end{cases}$$

式中，a1和a2为非弹性散射后引起的相移。这样在B点电子的概率密度的干涉项应为

$$\Psi_1^* \Psi_2 + \Psi_1 \Psi_2^* = 2|\Psi_0|^2 \cos\left(a_1 - a_2 + \frac{E_2 - E_1}{h} t\right)$$

该项含时间t。

在介观物理测量中用的宏观测量方法是一个微观长而宏观短的时间，对这一微观长的时间取平均则式必为0，可见经历非弹性散射的电子是不相干的，输运电子可视为经典粒子。

如果两相干的电子自A点分开后，在各自的路径上均受到弹性散射，那么电子的能量不变，故在B点二电子的波函数应为

$$\begin{rcases} \Psi_1 = \Psi_0 e^{(-E_0 t/h + ia_1)} \\ \Psi_2 = \Psi_0 e^{(-E_0 t/h + ia_2)} \end{rcases}$$

电子概率密度的相干相

$$\Psi_1^* \Psi_2 + \Psi_1 \Psi_2^* = 2|\Psi_0|^2 \cos(a_2 - a_1)$$

这表明，无论经历多少次弹性散射，因能量不变，电子波相干项不为0，因此从A到B的输运，电子不能视为经典粒子，必须视为相干波的传播，电子波的相位差与路径上弹性散射中心的分布有关。

电子经非弹性散射而丧失相位记忆；经弹性散射保持相位相干，即保持相位记忆，验证了兰达的理论。电子保持相位记忆（即两次非弹性散射之间）的平均路程，称为电子的相位相干长度，记做L_ϕ（L_ϕ可达几个微米）。当样品的尺寸L<L_ϕ

时，也就是在介观系统中，电子的随机"飞行"不破坏其相位记忆。

纳米技术的发展，使人们制备出了尺寸上大大小于Lϕ的样品，实验结果证明了兰达理论的正确。这些实验中最具代表性的是A-B效应和普适电导涨落（UCF）效应。

2. 弱局域化现象

电子在固体中作扩散运动时以一定的概率返回它的出发点，这种路径为闭合路径。右图为沿时间反演对称的闭合路径示意图，及两个电子分波。我们假设处于某k态的电子从空间0点开始，经过1→12点顺序散射之后回到0点。此时该电子处于-k态。设它的波函数为A+。若它以相同的概率经过相反的顺序由12→1点散射回到0点，那它的电子的波函数为A-，且|A+|=|A-|=|A|=A。

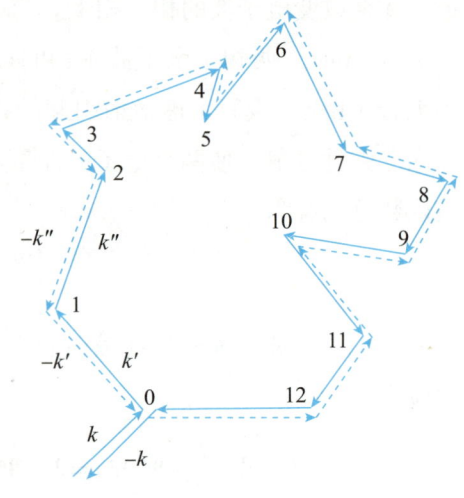

沿时间反演对称闭合路径上两电子分波

这两个路径的顺序具有时间反演对称性，称之为时间反演路径，通过对传导电子散射对其波函数相位影响的讨论，我们可以证明，在仅考虑这些散射全部为弹性散射时，电子受相同的杂质散射从k'态到k''态和从$-k''$态到$-k'$态所附加的相移$\triangle\phi$（或写作$\delta\phi$）是相同的。因此A+和A-具有相同的振幅，相同的相位，那么这两个分波叠加的结果为

$$|A_+ + A_-|^2 = |A_+|^2 + |A_-|^2 + A_+A_-^* + A_+^*A_- = 4A^2$$

这样，虽然巨大数量的电子扩散路径的电子分波的干涉趋于相互抵消（类似宏观状态），但总有一定概率的经过时间反演路径的电子波的干涉是相互增强的。与不计及干涉的结果$2A^2$相比，返回零点且处于相反动量态的电子的强度增加了一倍。这说明电子波经历了漫散射后仍能产生一定量的"回波"，这种回波现象已经被观察到了。这种现象看上去像电子又回到了原地，我们称它为"弱局域化现象"。

3. A-B效应

当一束电子环绕一个磁通管分为两支（Ω_1和Ω_2），再重新合并时，所得的电流应被磁通量周期性调制，使电子波函数获得了新的相位，两支电子波函数变为

ψ1和ψ2，在汇合处的概率密度干涉项为

$$\Psi_1^*\Psi_2+\Psi_1\Psi_2^*=2|\Psi_0|^2\cos\left(\frac{2\pi\phi}{\phi_0}\right)$$

式中，φ为磁通量。

$$\phi=\int_{\Omega_1-\Omega_2}A\cdot dl$$

式中，A为电子的磁场矢势。

$$\phi_0\equiv\frac{h}{e}$$

式中，φ0和称为A-B的磁通量子；e为基本电荷；h为普朗克常数。

从式中可知，两束电子间将发生交替的相长和相消干涉，产生周期为φ0的振荡。因为h/e是两支电子间有2π相移所需的磁通量，这一现象是一种量子相干效应。1985年，人们在硅片上作了一个直径和环宽都是纳米量级的小金环，作了A-B效应实验，观察到了A-B量子干涉的以h/e为周期的振荡，证实了当电子在固体中输运的时候，电磁势的确可对电子的波函数的相位产生影响，从而获得宏观可测的物理效应。

4.普适电导涨落（UCF）

在介观系统中电子输运是相位相干的，电流-电压关系是非线性的（宏观系统的欧姆定律不再成立）。下图给出了低温条件下纳米尺度的锑（Sb）线中电导测量值与宏观电导的差随电流的变化情况。从图中可以发现：①测量值相对宏观电导（平均值——水平直线）有剧烈的周期涨落，涨落的幅度大约为e2/h的数量级；②电流增大，涨落减弱；电流→0，涨落增大；③电流反向，涨落现象（曲线）不对称。

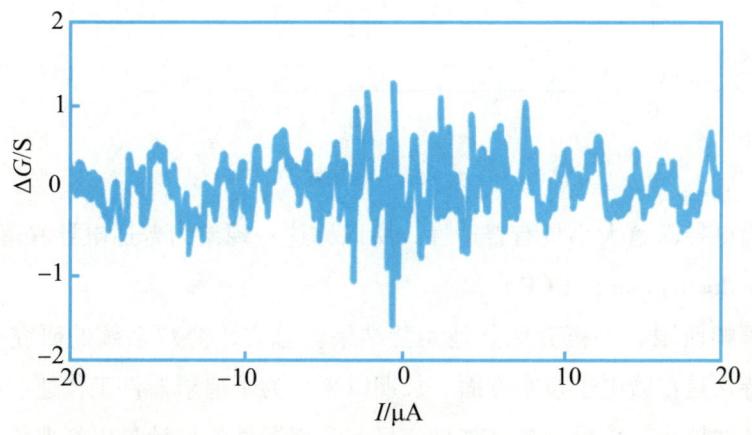

锑线中普适电导涨落

这种电导涨落是由于电子通过样品时与无规则分布的杂质散射（弹性散射）而获得的相位变化，在达到测量端点时的干涉结果。

下图是低温条件下，金（Au）线（宽25纳米、厚39纳米）中电导测量值与宏观电导的差值随磁场的变化规律。它的测试实验是通过四探针方法，电压探针的间距为310纳米。从图中我们可以发现有如下特点：①电导差值存在与时间无关的随机涨落（非周期涨落），由于热噪声应与时间相关，而此电导涨落与时间无关，可见它不是热噪声引起的；②这种涨落是样品特有的，每一种不同的样品都有其自身特有的相互不同的涨落图样，对于某特定的样品只要保持宏观条件不变，涨落图样可以重现，因此，这种涨落图被称为样品的"指纹"（Finger-print）；③电导涨落的大小为e2/h的数量级，并为普适量，与样品的材料、大小、无序程度、电导的平均值（宏观平均值）的大小无关，只要样品处于介观尺度并处于金属区即满足下述关系：

$$\lambda F \leqslant l \leqslant L \leqslant L\psi$$

式中，λF为电子在费米面附近的波函数的波长；l为弹性散射的平均自由程；L为样品的尺度；Lψ为电子波函数的相位相干长度。

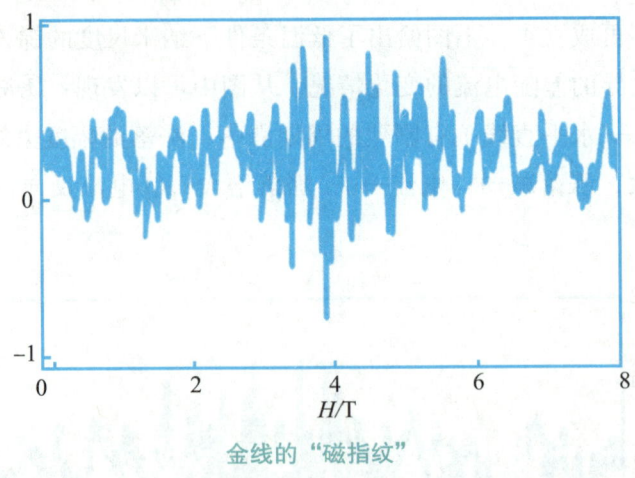

金线的"磁指纹"

正因为电导涨落大小具有普适性，所以称这一现象为普适电导涨落（universal conductance fluctuations，UCF）。

由于篇幅所限，不再介绍其他实验结果。总之，介观系统的研究有十分重要的意义，特别是在微电子技术方面。长期以来，为了追求器件工作速度的提高，器件的尺寸越做越小，集成度越来越高。目前常规器件的设计是以经典输运理论为基础的。简单说，就是把固体器件中的电子导电运动看作准经典的带电粒子对外场作线性响应。这种设计原理只适用于宏观多粒子系统，即大器件。当器件线度进入微米，亚微米及纳米范围时，常常要考虑：①非线性效应。如对100nm结构加1V电压，电场强度可达10^7伏/米，导电已不能再用普通线性响应理论，而必须考虑非线性效应。②相干性和合作效应（cooperative effect）。因为电子自由程已接近或超过样品尺寸，关联效应（correlaslion effect）可遍及整个样品。在一个电路中，各结构、元件之间的距离很近，一部分电子的波函数可与另一部分重叠，分立元件的观点已难使用，必须考虑元件之间的相干性和合作效应。这时。一个点的扰动将修正另一点的波函数，特别是其相位。因此，介观物理对细小系统中电子相干输运的研究结果，可能为未来电子学设计提供新的理论基础。不仅如此，传统的电子器件中的电子波是非相干的，在介观物理基础上，还有可能利用电子波的干涉、隧穿等效应设计全新的器件。如量子点旋转门器件，单电子晶体管，用栅极调制的A-B振荡器，有开关和放大功能的"量子力学晶体管（quantum transistor）"等。尽管现在研制的只是原型性的，只能在极低温下工作，但可以预期，随着介观物理和纳米物理研究的深入和微加工工艺的提高，完全有希望根据量子相干输运的性质，设计和研制出新一代性能远胜常规器件的量子电子器件。

第四章 纳米化学

第一节 超分子体系与分子自组装技术

一、超分子体系

超分子是指两个或多个分子通过分子间的弱相互作用（如静电力、氢键、范德华力等）而形成的复杂有序、具有特定功能的组织体系。它们具有自组装、自组织和自复制的功能。

1. 接受体与底物

超分子体系由超分子化学进行研究，超分子化学被称为"超越分子概念的化学"，是广义"配位化学"，它将1893年由维尔纳创立的以立体化学为基础的配位化学中配合物的"中心原子（或离子）"和"配体"两个主要组成部分拓展得更宽，采用了"接受体"和"底物"这两个专门术语，超分子的底物（对应于配位化学中的中心的原子）可以是无机、有机和生物中的各种阳离子、阴离子和中性分子。能以一定强度和选择性与底物相结合的部分被称为接受体（对应于配位化学中的配体）。

2. 分子识别

分子识别是指特定接受体与底物的成键和选择作用，是超分子化学的一个基本概念。当金属离子为底物时，"识别"就是指有机配位体与金属离子配位过程的稳定性和选择性。配位过程的稳定性和选择性标志的识别作用，决定于配体的几何构型和结合基（binding sites）情况。若底物是球形阳离子，这种识别称为球形识别。非金属阳离子作为底物时（如NH_4^+或它的衍生物），往往通过氢键与接受体生成超分子化合物。阴离子底物要求相应的接受体带有正电荷结合基，不同形状的底物要求不同形状的接受体相匹配。中性分子底物也同某些接受体形成稳定性和选择性很高的超分子化合物。

分子识别是超分子化学的核心内容。分子识别也可以定义为是指主体（接受体）对客体（底物）选择性结合并产生某种特定功能的过程。人们也可利用多种分子间相互作用能量和主体化学方面的知识设计出人工受体分子，它们选择性地与底物结合，形成超分子结构。

3.生物体代谢与分子识别

自然界中存在许多选择性识别和选择性传输物质的载体。细胞膜就是通过选择性通透作用来摄取营养和排泄废物的。它是由类脂和蛋白质按一定规律排列构成生物膜，膜的厚度为2~10纳米且包裹在细胞外面。类脂类化合物是由极性基团构成的极性头和非极性基团构成的非极性链结合形成的分子，其构成与可对无机纳米微粒作表面修饰的表面活性剂相似。极性基团主要是脂肪酸酯、磷脂等（与无机物纳米微粒表面发生反应的是羧基、醚基、氨基等）具有亲水性，非极性基团主要为碳氢链（表面活性剂的另一端为长链烷基，可与有机分子相容）具有疏水性或亲油性，整个分子称为两亲分子。在水溶液中，它们自行组织，定向排列成双分子膜层。由于分子间的协同作用，分子的极性头全部朝向膜的表面，而非极性链全部朝内，下图给出了类脂质双分子膜示意图。

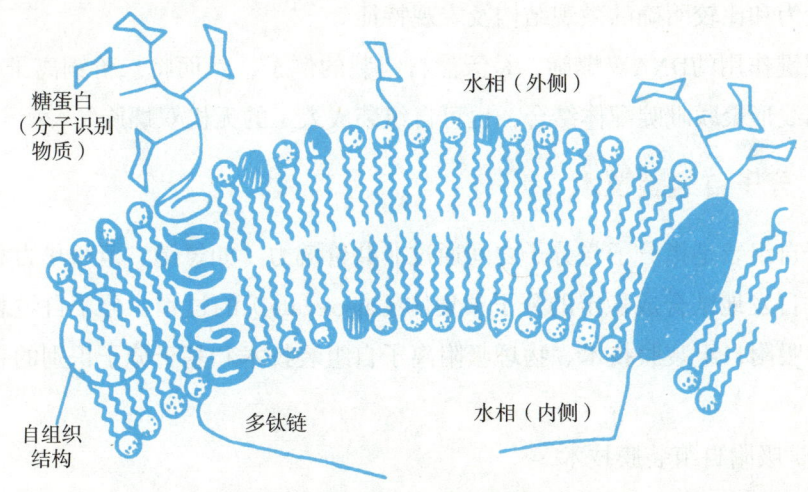

类脂质双分子膜示意图

化学界在认识了类脂质双分子膜的结构后，已经开发和制备了这种膜，并制成了生物传感器。生物体的一切代谢过程都是在酶的催化下迅速完成的，酶的活性部位具有特定的大小和形状。与酶相作用的分子称为"底物"。其形状和大小必须与酶相匹配。分子间这种结构互补和化学识别的关系可被称为主体和客体的关系。

酶与底物、酶与蛋白抑制剂、激素与受体、抗体与抗原结合所表现出来的分子识别的专一性，是生物超分子体系的典型实例。这为生物芯片的发展提供了理论基础。

已经证明，蛋白质的分子识别涉及的肽链段很短，是纳米级的。蛋白质分子间的这种纳米微区正是实现生物化学功能的传能和传质的信息通道。

4.分子器件

分子器件就是构筑于超分子中结构组织化、功能集成化的化学系统，包括分子导线、分子开关、分子整流、分子储存元等。比如具有类胡萝卜素和紫精特征的甲基紫精的联乙烯衍生物就代表了一根分子导线。它的一端用于传导电子，另一端可用于逆电子交换，其长度足以跨越双分子膜（或单分子膜）。这种聚烯链穿过了膜的类脂内侧，功能化了的膜可用作一个连续的、跨越膜的电子通道，成为分子导线，分子导线有组装成超小型电路的可能。

超分子体系涉及的面很宽，较简单的可以是由接受体和底物组分通过分子间缔合和分子识别组成寡分子，也可以由数目不定的组元分子借助于分子组装、自组装和协同作用生成的多层膜、液晶等物相建立起的有序多分子系综。这些系综具有特定的相行为和比较明确的微观结构及宏观特征。

靠氢键作用的DNA双螺旋，是天然自组装的例子，然而将二价铜离子（Cu^{2+}）和适当的线形聚联吡啶配体结合，也可自组装成人工的无机双螺旋。

二、分子自组装技术

分子自组装是指分子与分子之间通过非共价键力（如氢键、范德华力和弱的离子键等）自发地结合成稳定的分子聚集体（aggregate）的过程。分子自组装技术主要有化学吸附自组装膜技术、物理吸附离子自组装技术和基于分子识别的超分子合成技术。

1.化学吸附自组装膜技术

该技术是将有某种表面物质的基片浸入到待组装分子的溶液或气氛中，待组装分子一端的反应基与基片表面物质发生化学反应，在基片表面形成化学链，待组装分子的另一端是具有反应活性的活性基，则又可以和别的物质反应，如此重复，就构建成同质或异质的多层膜。LB膜就是典型的化学吸附自组装膜。利用具有疏水端和亲水端的两亲性分子在气–液（一般为水溶液）界面的定向性质，形成紧密定向排列的单分子膜。

2.物理吸附离子自组装技术

该技术是将表面带负电荷的基片浸入阳离子聚电解质溶液中,在静电力的作用下,阳离子聚电解质被吸附到基片表面,使基片表面带有正电荷。若将这样的基片再浸入阴离子聚电解质溶液中,在静电力的作用下,溶液中的阴离子又被表面吸附。反复多次,则利用静电力使多层聚电解质物理吸附于表面,形成自组装膜。由于层间静电力强,膜的稳定性好,与化学吸附膜相比,自组装膜的性质更容易控制。MD(molecular deposition)膜就是典型的物理吸附离子自组装膜。MD膜常用来制备单层或多层有序膜。半导体薄膜也可用此法制备,用Cd盐和S制成非电解液,通电后在电极上可获得CdS的纳米薄膜。吉林大学沈家聪院士组装了一种聚电解质与双阳离子交替膜,进行无脂键卟啉、酞菁与双阳离子的组装,下图给出了这种MD膜制备的示意图。

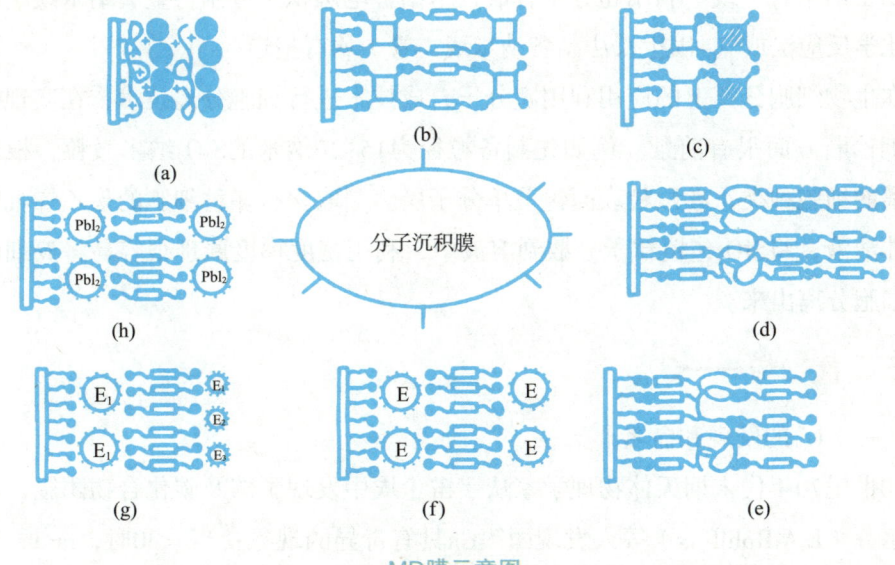

MD膜示意图

a)聚合物/微粒分子沉积膜 b)卟啉(酞菁)/双阳离子分子沉积膜 c)刚性卟啉/酞菁分子沉积膜 d)准对称聚电解质/双阳离子分子沉积膜 e)准不对称聚电解质/双阳离子分子沉积膜 f)复合单酶分子沉积膜 g)复合双酶分子沉积膜 h)双阳离子/微粒分子沉积膜

3.超分子合成技术

超分子合成技术除制备各种自组装膜外,在其他方面也有很多应用。

制备纳米介孔复合材料介孔复合体(mesoporous composite)是指将纳米尺度的

金属或非金属的颗粒或团簇用物理的或化学的方法，填充到具有介观尺度的介孔固体（孔径度介于2~50纳米的多孔固体，且孔是互相连通并与周围环境接触的）的孔隙中，形成的复合体。若介孔固体的孔在空间上呈规则排列，这种纳米介孔复合材料称为"有序介孔复合体"；若介孔固体的孔形状复杂、不规则且互为连通，则这种复合材料被称为"无序介孔复合体"。

分子自组装技术是制备介孔固体的有效方法。例如采用溶胶-凝胶和超临界干燥法可制成孔径为2~30纳米介孔的SiO_2固体，再将其浸泡在$ZnSO_4$水溶液中，再加入氨水，则在介孔中可生成$Zn(OH)_2$沉淀物。将带有$Zn(OH)_2$的SiO_2经473~873开的退火，就可获得纳米ZnO介孔固体SiO_2的纳米介孔复合材料。这种材料有特异的光学性能。

有关的纳米介孔复合材料有很多研究。在太阳能电池、固体电池、化学传感、气敏材料、非线性光学材料和红外传感器等方面有着重要的应用前景。

制备纳米管（线）利用超分子合成技术结合电沉积法可制备金属纳米线，结合气相化学反应法或气-固生长法制备纳米线（管）均有报道。

在生物细胞分离上的应用利用超分子合成技术进行细胞分离技术，在实现癌症的早期诊断方面很有前景。例如先制备粒径为15~20纳米的SiO_2纳米微粒，根据所要分离的细胞种类，在微粒表面包覆单分子层。制取含有多种细胞的聚乙烯吡咯烷酮胶体溶液，将SiO_2包覆粒子分散到溶液中，利用密度梯度原理很容易将癌细胞与正常细胞分离出来。

三、富勒烯——C_{60}

（一）C_{60}的发现和命名

20世纪70年代末期天体物理学家从宇宙尘埃中发现了碳及碳化合物团簇，1984年劳尔芬（E.A.Rohlfing）等人发现团簇Cn具有奇异的现象：当n<30时，n=3、11、15、19、23时Cn比较稳定；而当n>30时，n=60、70、78、80时Cn比较稳定。1985年斯莫利（R.E.Smally）等人发现C_{60}特别稳定，即60个碳原子组成的团簇特别稳定。他们还发现这60个碳原子是呈立体分布的，由12个五边形和20个六边形包围的空间具有60个顶点，就像是一只足球的外形，而著名的建筑学家巴基敏斯特·富勒（Buckminster Fuller）所证明的最牢固的薄壳拱形结构就是这样的。因此斯莫利等人首次提出将C_{60}就命名为巴基敏斯特富勒烯，简称富勒烯，或巴基敏斯特足球稀。1990年克拉兹摩尔（Kraatschmer）和霍夫曼（Huffman）在实验室中制备出了宏观数量的C_{60}和C_{70}，并用红外光谱、X射线衍射、扫描隧道显微镜（STM）等仪器证实了他们制备的C60确有笼形结构，从理论和实验中证明了富勒烯的存在。下图为C_{60}结构示意图。

（二）富勒烯的物理性质

富勒烯的物理性质包括它的结构、相变和力、热、光、电、磁等性能。

1.C_{60}分子的结构

C_{60}分子的结构如下图所示。碳原子占据的60个顶点位于一个半径为0.355纳米的球面上。它会有两种不等价的化合键，所有的五元环均由单键构成，而六元环则由单键和双键交替构成。单键和双键的长度分别为0.145纳米和0.14纳米。

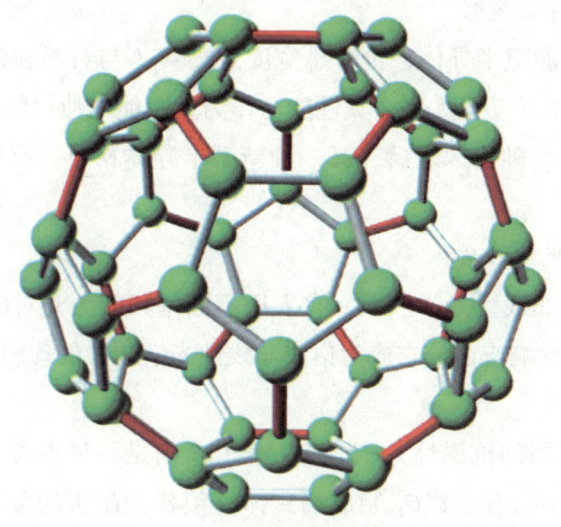

C_{60}结构示意图

2.C_{60}的振动谱与电子结构

C_{60}分子上60个碳原子共有174（60×3－6）个振动自由度。C_{60}有48个可分辨的振动频率，并已被拉曼和红外吸收实验所证实。

C_{60}的电子结构，其最高占据态有5重简并度，最低未占据态为3重简并度，能隙为1.9eV。

3.固态C_{60}结构与相变

C_{60}分子之间的作用主要是通过范德华力，在室温下形成面心立方结构，其晶格常数α=1.4198nm。

在249开（-24摄氏度）时，由于分子取向从无序到有序发生了相变，形成简单立方结构。

4. 掺杂C_{60}固体的超导电性

在C_{60}固体中掺入碱金属A形成A_1C_{60}、A_3C_{60}、A_6C_{60}等晶体，其中A可为K（钾）和Rb（铷）等。A原子处于C_{60}点阵的间隙位置。A_3C_{60}为面心立方结构，呈超导相，而A_1C_{60}为体心正方结构、A_6C_{60}为体心立方结构，呈非超导相。K_3C_{60}超导转变温度为18开（-255摄氏度），Rb_3C_{60}的超导转变温度为29开（-244摄氏度），Cs_3C_{60}的超导转变温度为33开（-240摄氏度），$Rb_1Tl_2C_{60}$的超导转变温度已达48开（-225摄氏度）。C_{60}的超导电性不但超导转变温度高而且具有较大的临界电流、临界磁场，又易于加工成形，很有发展前途。

5. C_{60}固体的半导体特性

C_{60}固体是直接能隙半导体，价带总宽度为23eV（与石墨和金刚石类似）。C_{60}分子在格点上可自由转动且无序，其性能与作为太阳能电池材料的非晶硅类似，富勒烯C_{60}是继硅、锗、砷化镓之后，又一种新型半导体材料，有望成为纳米电子器件的基础材料。

6. C_{60}的非线性光学性质

C_{60}具有优良的非线性光学性质，有人用不同基频的激光对C_{60}外延薄膜作用，发现C_{60}有三次非线性响应，使它成为集成非线性光学装置的理想材料。

7. C_{60}的磁性能

C_{60}固体具有很弱的抗磁性，$C_{60}(TDAE)_{0.86}$则是一种不含金属元素的软铁磁材料，居里温度为16.1开，以C_{60}制成的磁体有望替代昂贵的金属磁体，很有应用前景。

（三）富勒烯的化学性质

C_{60}的三维笼形结构，是它化学性质的基础。对C_{60}分子的化学修饰，是其化学性质的集中表现：①内修饰：C_{60}分子笼内俘获其他原子或分子，以改变（或部分改变）原超大分子的性质；②外修饰：C_{60}分子在笼外俘获其他原子或分子（即与顶点的碳原子反应，使在笼形结构基础上于顶点处又俘获了其他原子或基团）；③表面修饰：C_{60}顶点的碳原子被其他原子所替代，保持了笼形结构，但顶点处不完全是碳原子了。

C_{60}超大分子可参与下列化学反应：①氢化和脱氢反应；②氟化反应；③氯化反应；④溴化反应；⑤付氏反应；⑥富勒烯化反应；⑦亲核加成反应；⑧聚合反

应；⑨C_{60}的自由基反应；⑩富勒烯的骨架扩大反应等。

（四）其他富勒烯

C_{60}是富勒烯家族的核心代表，另一个重要成员为C_{70}，它有橄榄球状笼形结构，人们还设计和制备出C_{28}、C_{32}、C_{76}、C_{82}、……、C_{240}、C_{540}等封闭的富勒烯笼形结构大分子。

除笼形结构外，人们还设计出具有负曲率更为复杂的结构，如巴基葱、巴基管等。这已形成富勒烯研究的另一热点。

四、碳纳米管

（一）碳纳米管的发现

1991年日本电气公司（NEC）筑波实验室首次报道他们合成了一种新的碳结构，是多层同轴管，结构与富勒烯有关，也叫作巴基管，它是继C_{60}之后发现的碳的又一同素异形体。纳米碳管外径在1~50纳米，长度一般从几到几百微米。单层碳管是1993年才合成的。合成的碳管往往端部都有封口，封口结构是半个富勒烯小球。

（二）主要几种制备方法

1. 石墨电弧法

主要工艺是，在真空容器中充满一定压力的惰性气体或氮气，以掺有催化剂（金属镍、钴、铁等）的石墨为电极，在电弧放电过程中，阳极石墨被蒸发消耗，同时在阴极上形成碳纳米管沉积，从而生产出碳纳米管。

2. 激光蒸发石墨法

利用激光蒸发用催化剂处理过的石墨靶，生产碳纳米管。

3. 有机气体催化热解法

将甲烷或丙烯气通入真空容器，流经预先放置的金属催化剂（如铁、钴、镍及它们的盐类）表面时，在一定温度下分解，生产碳纳米管。

4. 低温固态热解法

首先制备出亚稳态的纳米级氮化碳硅（Si-C-N）陶瓷中间体，然后将此纳米陶瓷中间体放在氮化硼坩埚中，在石墨电阻炉中加热分解，生产碳纳米管。

5. 电化学法

在石墨坩埚中加入LiCl，中间插入石墨棒为阴极，坩埚为阳极，通过30A电流约1分钟，加水溶去LiCl，而后加入甲苯并搅拌，残余物集中在甲苯中获得碳纳米管杂化键结合。通俗地说碳纳米管可以看成是石墨片卷成圆筒状而生成的。图给出了碳纳米管结构。从图中可以发现，卷圆筒时的卷轴取向不同，所得的碳纳米管的结构就不同。这取决于矢量Ch（卷轴取向）与石墨的结构矢量a1和a2的关系而定。Ch称为手性矢量。与a1、a2的关系可用Ch与a1的夹角θ来表示。也可用矢量关系式来表示

$$Ch = na_1 + ma_2$$

卷曲时使A与A'点重叠，由此构成的平面与管轴垂直。当θ=0时，碳的六边形的一对顶角水平地围绕管轴排布，称为锯齿结构；当θ=30°时，碳的六边形的一对边水平地围绕着管轴排布，称为扶手椅结构；当0°<θ<30°时，称为手性结构。手性结构的纳米管可用（n，m）表示碳六边形与管轴的关系，如单臂（5，5）是指$C_h=5a_1+5a_2$，锯齿结构（9，0），是指$C_h=9a_1$。无论哪种结构，管的封口处均为富勒烯结构（即六元碳环和五元碳环均存在）。

实际上"石墨平面"并不能与管轴平行，而是呈微小角度，而且管壁也不只一层，上述的描述只是一个理想化、易于理解的模型，但它还是反映了碳纳米管的基本特征。

（三）碳纳米管的物理性质

1.电磁学特性

由于电子的量子限域效应，使其只能在单层石墨片中沿纳米管的轴向运动，对于小直径碳纳米管，在EF=0时，较低能态为全占据态，较高能态为全空态。那么对于单壁（5，5）纳米管和锯齿形结构（9，0）纳米管，只需极小的能量（趋于无限小）就能将一个电子激发到一个空的

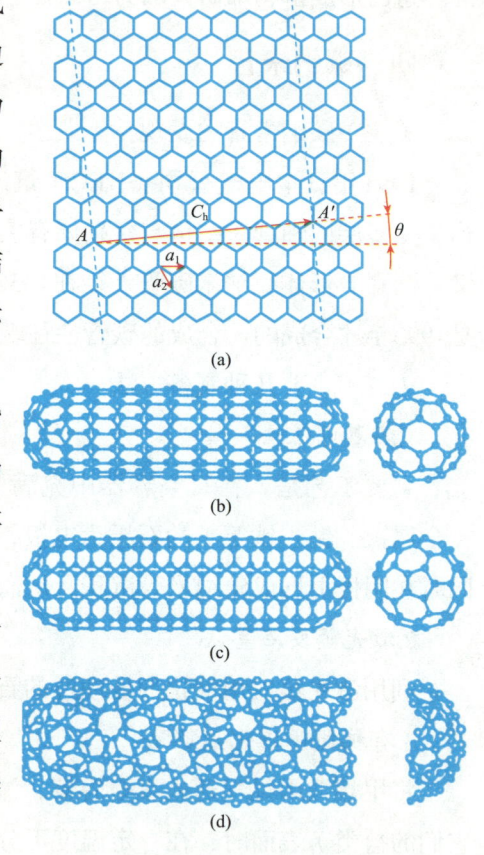

碳纳米管结构示意图

a）由石墨平面卷曲成碳管　b）锯齿结构
c）扶手椅结构　d）手性结构

激发态，这种纳米管呈金属性；而另一类纳米管（10，0），占据态与空态之间存在一个有限量的能隙，因此这类纳米管呈半导体性。从所发现和制备的纳米管中，大约1/3属金属性，另2/3属半导体性。

哈佛大学的一个研究组报道，在室温下测定直径为8.5纳米、13.9纳米的19根碳纳米管，电阻率分别为19.5微欧·米和7.8微欧·米。

碳纳米管的电导高于Cu，而且在低温（4.2开）下电导随外加磁场的变化出现涨落（UCF现象）。

碳纳米管的磁化性能表现为各向异性，当磁场垂直于碳六边形平面时磁化率为22×10^6高斯，而平行于平面时为0.5×10^6高斯。

朗吉（L.Langer）等人发现在磁场作用下，碳纳米管束会发生金属—绝缘体的转变。

2.力学性质

理论计算碳纳米管的抗拉强度比钢高100倍，而密度却只有钢的1/6，以碳纳米管悬臂梁振动测量结果可以估计出它的弹性模量高达1太帕，当纳米管受到弯曲和轴向压力时，碳纳米管不会断裂，只会大角度弯曲，然后绞在一起呈"麻花状"物体，当外力释放后又会恢复原状。

3.导热性能

单壁碳管的热导率为1 750~5 850瓦·（米·开）$^{-1}$。

（四）碳纳米管的应用

（1）量子线 纳米碳管在导电方面的特点，决定了它可能成为量子线，实现一维导电。

（2）超级电容器 由于碳纳米管具有开放的多孔结构，并能在与电解质的交界面形成双电层，从而可聚集大量电荷，功率密度可达8000W/kg。其在不同频率下测得的电容容量分别为102F/g（1Hz频率时）和49F/g（100Hz时）。

（3）扫描隧道显微镜针尖 利用纳米碳管的尖端可以作为扫描隧道显微镜的针尖，可大大提高分辨率。

（4）化学传感器 由于单壁碳纳米管暴露在NH_3中，其电导率下降两个数量级，而暴露在NO_2时，其电导率可增加三个数量级，因此纳米碳管是优秀的化学传感器。

（5）碳纳米管复合材料①导电塑料（聚酯）：将碳纳米管均匀地扩散到塑料中，可获得强度高、导电性好的塑料，用于静电喷涂、静电消除、晶片加工、磁盘制造的理想材料，而且还有静电屏蔽功能。②碳纳米管有宽带微波吸收能力，可以作为隐形材料和吸波材料。③将其加入发光高分子中，可使高分子发光性能改善。

（6）储氢材料中国科学院金属所已实现在中等压力下，储氢量达4.2%，常压下会有80%的氢可被释放出来。

（7）锂离子电池碳纳米管的层间距为0.34纳米，有利于Li+离子嵌入与迁出，将碳纳米管作为石墨的添加剂或是单独作锂离子电池的负极材料，可显著提高负极材料的嵌锂离子（Li+）的容量和稳定性。

（8）场发射管（平板显示器）在硅片上镀上催化剂，在特定条件下使碳纳米管在硅片上垂直生长，形成阵列式结构，用于制造超高清晰度平板显示器，清晰度可达数万线。

（9）信息存储以碳纳米管作为信息写入及读出探头，其存储密度为10^{12}比特/平方厘米，比市场上现有的商品高4个数量级，被称为超高密度存储。

（10）催化剂载体纳米碳管比表面积大，在加氢、脱氢和择型催化反应中效率大大提高。

（11）质子交换膜（PEM）燃料电池。

碳纳米管是纳米材料中最具开发价值的材料之一，导电性优于铜，导热性优于金刚石，是已知材料中弹性模量和抗拉强度最高的一种，因此它有十分光明的前景。

第二节　纳米化学性质

纳米化学除在纳米物质的制备方面起到重要作用外，对其表现于催化能力大大提高的纳米化学性质也是化学家们研究的重点。由于纳米粒子的比表面积大，而且表面原子配位不全，随着粒径的减小，表面光滑程度更差，即形成了凸凹不平的原子台阶，配位不全的表面原子所占比例更大，使其化学活性位置（或理解为化学反应接触面）进一步增加，这就是纳米粒子作为催化剂优于常规材料的原因。

为了对比纳米粉体与常规材料在催化作用方面的作用，有必要对催化和催化剂进行简要的回顾。凡能改变化学反应速率而自身的质量、组成和化学性质在反应前后保持不变的物质，被称为催化剂，催化剂改变反应速率的作用称为催化作用。催化剂除了改变反应速率外，决定化学反应路径、有特殊的选择性是其另一主要作用；降低化学反应所需的温度是催化剂第三方面的作用，纳米粉体在这三方面都有突出的表现。

催化剂改变反应速率，有正有负，这里讨论的是加快反应速度的催化作用。人们往往给减缓化学反应速率的负催化剂以特定的名称，如缓蚀剂、抗老剂、阻燃剂等，因而一般所讲的催化剂是指加速化学反应速率的物质。

催化剂加快化学反应速率的原因在于它能改变（一般讲是降低）原反应物的活性能，改变反应历程，因此要求催化剂易与反应物作用，使反应物分子活化，又可在反应后再生。

设 A+B→AB+Ea 为原反应，其中为原反应的活化能，当催化剂 K 参加反应后变为 A+K→AK+E_{a1} 和 AK+B→AB+K+E_{a2}，其中 AK 称为中间络合物，它的稳定性很差，且 Ea1、Ea2 均＜＜Ea，这就是催化剂的作用。因此催化剂与反应物之间有特殊的选择性。

一、纳米粒子的催化作用

纳米粒子的催化作用有三种：①金属纳米粒子的催化作用；②金属粒子（1~10纳米）分散在氧化物（如氧化铝、氧化硅、氧化镁、氧化钛、沸石等）的多孔衬底上的催化作用；③WC、γ-Al_2O_3、γ-Fe_2O_3 等纳米粒子聚合体分散于载体上的催化作用。结合纳米微粒的催化作用介绍如下：

1.金属纳米粒子的催化作用

由于纳米微粒有很大的比表面积和表面分子比例，粒子直径小，易于同反应物发生反应，所以催化效果很好。例如：30纳米粒径的镍粉使有机物氢化或脱氢反应速率较传统材料提高10~15倍。用于火箭固体燃料反应触媒，可使燃料效率提高100倍。

2.分散于氧化物衬底上的金属纳米粉体催化作用

通过将金属纳米粒子分散到溶剂中，再使多孔的氧化物衬底材料浸泡其中，烘干后备用,这就是浸入法催化剂的制备;这种催化材料的制备还有离子交换法(将衬底材料进行表面修饰,使活性极强的阳离子附在表面,之后将处理过的衬底材料浸于含有复合离子的溶液中,由于置换反应使衬底表面形成了贵金属纳米粒子的沉积)、吸附法(把衬底材料放入含聚合体的有机溶剂中,通过还原处理,金属纳米粒子在衬底沉积)、蒸发法、醇盐法等。这种催化材料也有很多应用,例如:Au纳米粒子沉积在Fe_2O_3、NiO衬底,在70摄氏度时就具有较高的催化氧化活性。

3.纳米粒子聚合体的催化作用

例如Fe、Ni的纳米粉体与$\gamma-Fe_2O_3$混合烧结体可以代替贵金属作为汽车尾气净化剂。金属纳米粉体沉积在冷冻的烷烃基质上,经特殊处理后可断裂C—C键,(M=Fe、Ni)组成准金属有机粉末,在催化氢化作用方面能力很强。

但是纳米微粒的催化作用性能提高的原因,只是因为纳米微粒粒径小、表面原子数目高的缘故,而每个表面原子的活性并没有提高。当然,减小颗粒尺寸,提高表面金属原子的比例也是有意义的,可以提高单位重量催化剂的产出效率,降低成本。但是,要采取措施防止催化剂的纳米颗粒在较高反应温度下发生团聚、颗粒长大,这个问题和催化剂本身的使用寿命以及重复使用的问题,也是摆在纳米科技工作者面前的课题。

二、光催化作用及半导体纳米粒子光催化剂

光催化作用是指半导体材料的光催化效应。当光照射于半导体材料时,若具有$h\nu$能量的光子射入半导体,而$h\nu$大于或等于半导体价带与导带间能隙E_g,则电子会被从价带激发到导带,在原来的价带留下了一个空穴,即在光子的照射下产生了一组电子-空穴对。若激发态的导带电子又与价带空穴重新结合,将释放出能量(或热)。若激发态的导带电子被材料的表面态捕捉,那么这个电子就会被吸附在半导体表面,就整体半导体而言,维持了这一电子-空穴对。

价带中的空穴在化学反应中是很好的氧化剂,而导带中的电子是很好的还原剂,有机物的光致降解作用,就是直接或间接地利用空穴氧化剂的能量。

光催化反应涉及许多反应类型,如醇与烃的氧化、无机离子的氧化还原、有机物催化脱氢和加氢、氨基酸合成、固氮反应、水净化处理及水煤气变换等。对一般光催化过程可分7个步骤,它们分别是:

(1)由光子形成荷电子-空穴体。

（2）电子-空穴对重新结合释放热。

（3）由一个价带空穴引起的氧化反应途径的发生。

（4）由一个导带电子引起的还原反应途径的发生。

（5）进一步的热和光催化反应。

（6）在悬挂的表面键捕捉一个导带电子。

（7）在表面的（如钛）团簇上的价带空穴的捕捉。

纳米半导体比常规半导体催化活性高得多，原因在于：由于量子尺寸效应，使半导体粉体的导带和价带能级间的能隙变宽。导带电位变得更负，粒子具有更强的氧化和还原能力。况且，纳米半导体粒子的粒径小，光生载流子比常规材料的光生载流子更容易通过扩散迁移到表面，形成表面态对载流子的捕捉，促进氧化和还原反应。

半导体纳米粒子光催化效应在环保、水质处理、有机物降解、失效农药降解方面有重要的应用：①纳米TiO_2在光的照射下对碳氢化合物有催化作用，若在玻璃、陶瓷或瓷砖表面涂上一层纳米TiO_2，可有很好的保洁作用，无论是油污还是细菌，在TiO_2作用下进一步氧化很容易擦掉，日本已经生产出自洁玻璃和自洁瓷砖。②将CdS、ZnS、PbS、TiO_2等半导体材料做成小球状的纳米颗粒，浮在含有有机物的废水表面，利用太阳光使有机物降解。美国和日本已将该法用于海上石油泄漏造成的污染处理上。③用纳米TiO_2光催化效应可从甲醇水合溶液中提取H_2，纳米ZnS的光催化效应也可从甲醇水合溶液中制取丙三醇和H_2，这些结果表明，在能源方面，纳米半导体光催化将发生很大的作用。

总之，要大力开展对纳米物质的化学性质的研究，合成新材料，进一步扩大应用范围。

第三节 纳米薄膜

纳米薄膜是指在空间只有一维处于纳米尺度而另两维不是纳米尺度的物质，是由分子或晶粒均匀铺开构成薄膜，可以是超薄膜、多层膜和超晶格等。纳米薄膜根据它的构成和致密程度又可分为颗粒膜和致密膜。颗粒膜是纳米颗粒粘在一起，中间有极细小的间隙，而致密膜则是连续薄膜。纳米粒子镶嵌在另一种基体材料中构成的纳米薄膜为颗粒膜。本节拟介绍纳米薄膜的制备方法和应用，同时对LB膜进行重点介绍。

一、纳米薄膜的制备

纳米薄膜的制备源于经典的方法又加以改进，是典型的Top Down（由上到下）的方法，包括溶胶-凝胶法、真空蒸发法、磁控溅射法、分子束外延镀膜法、电沉积法、化学气相沉积法（CVD）、等离子体增强化学气相沉积法（PECVD）、激光诱导化学气相沉积法（LCVD）、金属有机物化学气相沉积法（MOCVD）、离子束溅射法等。这里仅介绍最基本的几种。

（一）溶胶—凝胶法

将成膜物质溶于某种有机溶剂，成为溶胶镀液，采用浸渍或离心甩胶等方法涂敷于基体表面形成胶体膜，然后进行脱水而凝结为纳米薄膜。例如：①纳米Cu膜的制备：将硝酸铜$Cu(NO_3)_2 \cdot 3H_2O$和正硅酸乙酯与乙醇混合形成溶胶，用玻璃（SiO_2）衬板浸入溶胶后进行提拉（提拉速度<10^{-1}毫米/秒），再在100摄氏度温度下干燥成膜，经过450~650摄氏度氢气中还原处理100分钟左右，就可以获得纳米Cu膜了。②Fe_3O_4薄膜的制备：将乙酰丙酮铁14.3克放入CH_3COOH和浓硝酸（浓度为61%）的混合溶液中，其中CH_3COOH为68.7毫升，浓硝酸为7.49毫升经4小时搅拌，形成溶胶，再将干净的玻璃衬板浸入溶胶后提拉（提拉速度约为0.6毫米/秒），再在空气中于940摄氏度左右加热10分钟（这种操作可反复达10次），此时纳米薄膜厚约50纳米，相结构为$\gamma-Fe_2O_3$，将其埋入碳粉中在N_2保护气氛中，在480~690摄氏度温度下保温5小时，就可获得Fe_3O_4纳米薄膜。

采用溶胶-凝胶法制备薄膜具有多组分均匀混合、成分易控制、成膜均匀、成本低、易于工业化生产的优点，但不是所有的薄膜材料都能很容易地制成溶胶，又很容易地找到衬板材料。细心完成溶胶制备是本法的重要因素。

（二）真空蒸发法

真空蒸发镀膜，就是使待成膜的
物质蒸发汽化，在真空中使汽化的原子或分子在蒸发源与基片之间飞行，达到基片后在基片表面积淀的方法。下图是真空蒸发镀膜原理示意图。其中主要部分有：①真空室，为蒸发过程提供必要的真空环境；②蒸发源或蒸发加热器，放置待蒸发材料并对其加热；③基板，用于接收蒸发物质并在其表面形成固态蒸发薄膜；④基板加热器及测温器等。

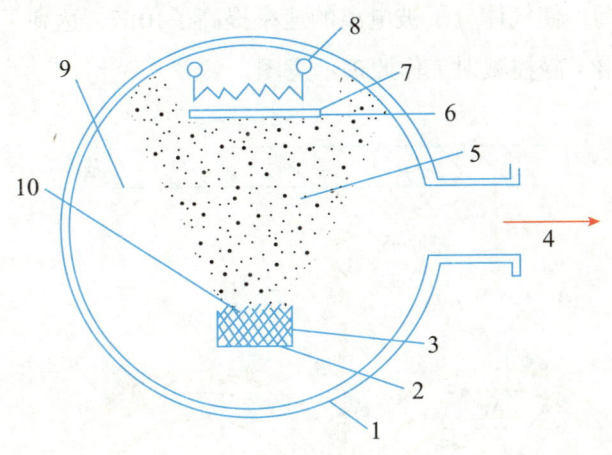

真空蒸发镀膜原理示意图

1-钟罩　2-加热器　3-蒸发物质　4-排气系统　5-蒸气流
6-薄膜　7-基板　8-基板加热器　9-真空室　10-蒸发面

真空蒸发镀膜包括以下3个基本过程：①加热蒸发过程。包括由凝聚相转变为气相，每种蒸发物质在不同温度时有不同的饱和蒸气压。②汽化的原子或分子在蒸发源与基片间的飞行。飞行过程中原子或分子将与真空室内残余气体分子碰撞，其平均自由程取决于真空室内的真空度。③在基片表面上的淀积过程。包括蒸气的凝聚、成核、核生长，形成连续薄膜。由于基板温度远低于蒸发源温度，因此沉积物分子在基板表面将直接发生从气相到固相的相转变过程。

（三）磁控溅射法

磁控溅射是溅射镀膜中的一种，所谓溅射是指荷能粒子轰击固体表面（靶），使固体原子（或分子）从表面射出，射出的粒子大多呈原子态，称为溅射原子。用于轰击靶的荷能粒子可以是电子、离子或中性粒子，因为离子可以在电场下易于加速并获得所需动能，因此大多采用离子作轰击粒子，该粒子又称入射离子，所以溅射镀膜又称离子溅射镀膜。

溅射镀膜与真空蒸发法比较有下述特点：①任何物质均可溅射，尤其是高熔点、低蒸气压元素和化合物；②溅射膜与基板间的附着性好；③溅射镀膜密度高，纯度好，可控性和重复性好。缺点是设备复杂，成膜速度低。

为了克服成膜速度低的缺点，人们设计了磁控溅射镀膜，在溅射靶与基片之间引入了正交电磁场，使气体分子被电离的速率提高了10倍，达到了真空蒸发法的成膜速率。下图给出了磁控溅射工作原理示意图。

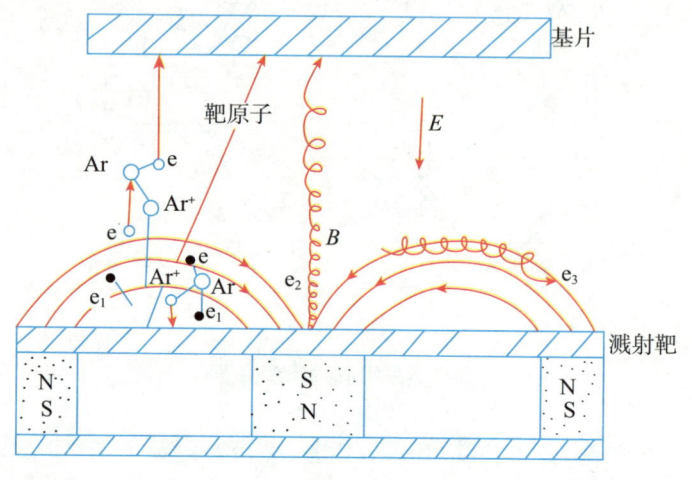

磁控溅射工作原理

在与靶表面平行的方向上施加磁场，利用电场与磁场正交的磁控管原理，实现高速低温溅射。电子e在电场E作用下，在飞向基板过程中与氩原子发生碰撞，使其电离出Ar^+（氩离子）和一个新的电子e，电子飞向基片，Ar^+在电场E作用下加速飞向阴极靶，并以高能量轰击靶表面，使靶材发生溅射。在溅射出的粒子中有中性的靶原子或分子沉淀于基片，形成薄膜。二次电子在环状磁场的控制下，被束缚在靠近靶表面的等离子体区域内，在该区中电离出更多的Ar^+用来轰击靶材，从而实现了磁控溅射淀积速率高的特色。

该法可用于金属、合金、半导体、化合物半导体、碳化物、氧化物、氮化物的薄膜制备上。

（四）分子束外延锻膜法（molecular beam epitaxy）

分子束外延（MBE）是一种特殊的真空镀膜工艺。它是在超高真空条件下（10^{-8}~10^{-10}帕），将薄膜的诸组分元素的分子束流，直接喷到衬底（半导体材料的单晶片）表面上，沿着单晶片的结晶轴方向生长成一层结晶结构完整的新的单晶层薄膜。外延生长这个技术名词就是由希腊文的外表面（Epi）和排列（Taxis）两个词组合而成的。

下图是MBE的基本原理图。在超高真空（$<10^{-8}$帕）系统中，相对地放置衬底和多个分子束源炉，将组成化合物（GaAs）的各种元素（如Ga和As）和掺杂剂元素（如Si、Be等）分别放入不同的喷射炉内，加热使它们的分子（或原子）以一定的热运动速度和一定的束流强度比例喷射到加热的衬底（半导体单晶片）表面上，与表面相互作用（包括在表面迁移、分解、吸附和脱附等）进行单晶薄膜的外延生长。各喷射炉前的挡板用来改变外延膜的组分和掺杂，根据设定的程序开关挡板、改变炉温和控制生长时间，以使生长出不同厚度的化合物或不同组分的三元、四元固溶体，即制备各种超薄微结构材料。

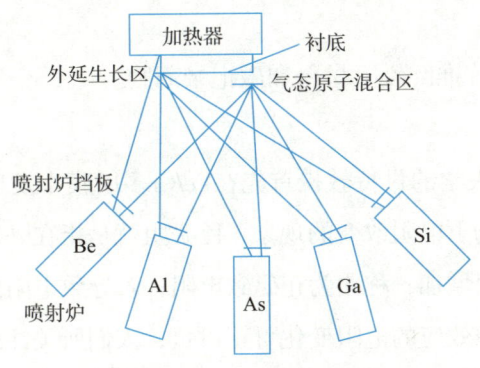

MBE工作原理图

（GaAs–Al$_x$Ga$_{1-x}$As薄膜）

现以GaAs衬底，Al$_x$Ga$_{1-x}$As薄膜材料的生长为例，说明MBE工作过程。这里x满足0<x<1。从Ga（镓）炉蒸发出的Ga原子束射到GaAs衬底表面，在500~600摄氏度温度下，Ga原子被表面吸附，黏附系数达100%，而对于从As（砷）喷射炉中升华出来的As4分子束（或As2分子束）在衬底表面的吸附情况取决于Ga原子的黏附情况，当衬底表面无Ga原子时，砷分子的黏附系数为0，当衬底表面有Ga原子时，砷分子遇到成对的Ga原子会分解为As原子而被吸附，从而在衬底上生长出Ga、As组分1∶1的GaAs单晶薄膜。若同时打开Al炉挡板，由于Al原子的黏附系数也是1（100%），则可生成AlxGa$_{1-x}$As膜。x的大小取决于工作温度和Al、Ga束流的强

度。同理可生长出多层膜。

与其他纳米薄膜生长技术相比，MBE有以下特点：①超高真空条件下生长，杂质污染少，外延膜纯度高；②生长速率低，但可精确控制单原子层厚度，可获得原子级平整的表面和界面；③生长温度低，可获得十分陡变的掺杂分布和异质界面；④可任意改变外延层的组分、掺杂和连续生长复杂的多层异质结构；⑤可利用高能电子衍射仪等分析手段进行原位观察研究外延表面的结构和生长机理；⑥可将MBE设备与其他半导体工艺设备进行真空连接，使材料的生长、镀膜、注入、刻蚀等工艺连续进行。

二、纳米薄膜的应用

由于薄膜材料的不同，各种薄膜（如金属膜、介质膜、半导体膜等）有各自不同的性质，因此有各种不同的应用。

（一）磁性薄膜

磁性薄膜的应用首推巨磁阻材料和磁记录薄膜。

1.巨磁阻材料

1988年法国巴黎大学的肯特教授首先在Fe/Cr多层膜中发现了巨磁阻效应。所谓磁电阻是指在一定磁场下电阻改变的现象，巨磁阻就是指在一定磁场下电阻急剧变化的现象。磁场导致电阻增加，称之为正磁致电阻；若导致电阻降低，称之为负磁致电阻。由于材料不同巨磁效应的电阻变化可正可负，人们所关注的是电阻的改变。20世纪90年代，人们在Fe/Cu、Fe/Al、Fe/Ag、Fe/Au、Co/Cu、Co/Ag、Co/Au等纳米结构的多层膜中观察到了显著的巨磁阻效应。巨磁阻多层膜在高密度读出磁头、磁存储元件上有广泛的应用，此外磁敏传感器、磁敏开关元件将有很大的应用潜力。

FeNi-Ag颗粒膜被发现其磁电阻的饱和磁场仅为32千安/米，这为其在微弱磁场探测方面提供了应用前景。比如超导量子相干器件和超微霍尔探测器要求被探测的磁通密度在$10^{-2} \sim 10^{-6}$特斯拉，瑞士的科学家已成功制备出巨磁阻材料，可用来探测10^{-11}特斯拉的磁通密度。

2.磁记录薄膜

磁记录器件包括读写磁头和磁记录介质。读写磁头材料需要具有高饱和磁化强度、低矫顽力、磁致伸缩系数低、使用频率范围广等特点。采用薄膜技术，将磁性材料和磁场线圈都沉积在特定的衬底上,构成薄膜磁头是纳米磁性薄膜的一大用途。以分子束外延法在GaAs衬底上生长$Fe_{16}N_2$就是很有希望的磁头材料。磁记录介质(如硬磁盘或软磁盘)则需在衬底材料上沉积一层磁各向异性、厚度为几百纳米的磁性薄膜,一般采用倾斜蒸发PVD法。为了保护这层薄膜,往往在它上面再沉积一层高硬度的类金刚石的硬质薄膜,以提高耐磨损性能。

3. 磁光存储薄膜

这种薄膜一般采用溅射法生成的稀土元素和过渡族元素的非晶合金,使其具有克尔磁光效应(在磁场中可改变材料反射光的偏振方向)和热磁效应(在温度变化时,材料磁化状态发生变化)。纳米薄膜的制备技术无疑为磁光存储材料提供了更多选择。

(二)纳米光学薄膜

(1)纳米硅膜是典型的纳米光学薄膜,它是一种硅晶态的纳米薄膜,当Si晶粒的平均直径小于3.5纳米时,具有很强的紫外光致发光性能。在平均粒径为1.5~2纳米时发光效果更好。

(2)GaAs半导体颗粒膜和CdS_xSe_{1-x}玻璃颗粒膜都具有光吸收带蓝移和吸收带的宽化现象。这是因为纳米薄膜的量子尺寸效应使半导体能隙变宽,导致了吸收带的蓝移。然而薄膜上的颗粒尺寸是不均匀的,有一定的范围和粒径概率分布,因此能隙的加宽程度也相应地有一个大小的分布,这就是吸收带(发射带和透射带)宽化的原因。

(3)半导体铟镓砷(InGaAs)和InAlAs构成的多层膜。通过控制膜的厚度可以改变它的光学线性(在光波场中,材料的电极化强度与光波电场成正比)和非线性(在强光场作用下,材料的电极化强度与光波电场的高次方成正比)造成其在吸收谱上出现峰值。

(三)纳米气敏膜

纳米气敏膜是利用金属氧化物随周围气氛中气体组成的改变,引起该膜电学性能的变化,而成为气体传感器之核心材料的。它吸附气体的速度越高,信号传递的速度越快,灵敏度就越高,品质就越好。纳米气敏膜是一种由纳米颗粒构成的颗粒膜,其比表面积大,活性大,比传统的气敏材料灵敏度高。SnO_2就是使用最广的一种，在66.7帕压力氧气中，制备出多孔性柱状SnO_2纳米颗粒膜，它可对可燃性气体的泄漏报警，也可以制成湿度传感器。

（四）纳滤膜

纳滤膜是分离膜的一种，这种膜可以截留的最小分子只有1纳米，膜的孔径平均为2纳米，且膜本身厚度也是纳米级的，所以该技术被称为纳滤。

分离膜是膜分离技术的核心，分离膜利用过筛的办法将混在一起的物质分开。一种方法是通过混在一起的物质的质量、体积大小或形状不同，用不同孔径的膜将其分开；另一种方法是利用这些混合物的化学性质不同，通过分离膜的速度不同而将其分开。

各种分离膜中的非对称分离膜是一种复合膜，一般由两层组成，表面一层非常薄（仅有几至几十纳米）被称为皮层，下面一层比较厚，被称为支撑层。

纳薄膜的皮层由聚电解质构成，常用的材料有醋酸纤维素（CA）、聚酰胺（PA）、聚乙烯醇（PVA）、磺化聚砜（S-PS）、磺化聚醚砜（S-PES）等。这是些荷电的纳滤膜，通过静电斥力可对溶液中与膜所荷带极性相同的离子排斥，因此纳滤膜通过荷电效应和纳米级的筛孔对混合物进行筛分分离。

纳滤膜所荷的电荷因基团不同可分为荷负电膜、荷正电膜、双极膜和两性膜四种。纳滤膜最大的应用领域是饮用水的软化和有机物的去除，即去除水中的钙离子和镁离子盐。Film-tech公司NF70膜能脱除85%~95%的钙、镁离子和70%的单价离子。

双极膜在海水淡化方面有独特的应用。

商用的纳滤膜组件形式很多，如卷式、管式和中空纤维式等。随着对纳滤技术及相关过程的研究和开发，它的应用前景会更加广阔。

（五）纳米润滑膜

主要是指在微机电系统（或称纳米机械）表面的LB膜和改性LB膜润滑，以及SAMS薄膜润滑，SAMS薄膜是指带有反应活性基团的长链单分子，通过化学键吸附在基底表面形成的有序的单层或多层分子膜。相对于LB膜，SAMS薄膜具有稳定性好，与基底结合力强，制备方法简单等优点。长链碳氢化合物和碳氟化合物因其能在羟基化的氧化多晶硅、氮化硅以及铝表面形成通过化学键键合且高度有序排列的单分子膜,因此是微机电系统的理想润滑材料。在微电机中,用SAMS薄膜润滑可以减小起动摩擦和静摩擦,显著降低磨损(可在静电制动器接触模式下运转周期超过4 000万次)。SAMS的稳定性好,在各种含氧、不含氧的环境条件下,热稳定温度能达到400摄氏度。

分子嫁接技术和分子沉积膜也在微机电系统的润滑中得到了应用。

由于LB膜制作简单、应用广泛,我们将对其进行专门介绍。

三、LB膜技术及其应用

LB膜是Langmuir-Blodgett(朗谬尔-布罗杰特)在二十世纪二三十年代首先研究的,但在纳米科技发展中,LB膜因其特有的性能受到人们的重视。

(一)LB膜的特点

(1)超薄且厚度可准确控制,因此这种纳米薄膜可满足现代电子学器件(纳米电子器件)和光学器件的尺寸要求。

(2)膜中分子排列高度有序且各向异性,使之可根据需要设计,便于实现分子水平上的组装。

(3)制膜条件温和,操作简便。

(二)LB膜的制备

能形成LB膜的材料,大都是表面活性分子,即两亲分子,当将其置于水表面上时,利用分子表面活性,在水-气界面上形成凝结膜,并将该膜逐次转移到固体基板上,形成单层或多层类晶薄膜。一种好的成膜材料,其亲水基团和疏水基团的性能比例要合适。比如最典型的和最简单的成膜物质是脂肪酸,它具有亲水基团的头—COOH和疏水基团的尾—$(CH_2)_{16}CH_3$,作为分子整体若亲水性强,则分子就会溶于水而不能在水-气表面成膜;若疏水性(又称亲油性)强,则导致其在水面上扩展不开,分离成两两亲分子材料两者平衡,即称为"两亲媒性平衡",这样的材料就会吸附于水-气界面。

如果把两亲媒性平衡的物质溶于苯、二氯甲烷等挥发性溶剂中,并把该溶液分布于水面上,待溶剂挥发后,就留下了垂直站立在水面上的定向单分子膜,这种在水面上的单分子,上端呈亲油性(疏水性),下端呈亲水性。

下图给出了LB膜的制备过程。若分子排列稀疏,称为"气体膜",若分子特别致密变为固体状态的凝结膜，称为"固体薄膜"，介于二者之间的称为"二维液体状态"。上述的固体薄膜一面（称一端）呈亲油性。一端呈亲水性，它将能与任一个具有亲水性（或亲油性）的固体表面相吸。

将一个亲水性（或亲油性）固体表面垂直而缓慢地插入浮有单分子层的水中，将该固体表面垂直上提时，浮着的单分子膜就会附着在表面上，随沉积过程不同，所形成的膜的结构分X、Y、Z三形。如果这个固体基片反复进出水面，就形成了多层膜（最多可达到500层），一个分子的纵向长度为2~3纳米，因此单分子层的厚度亦为2~3纳米。

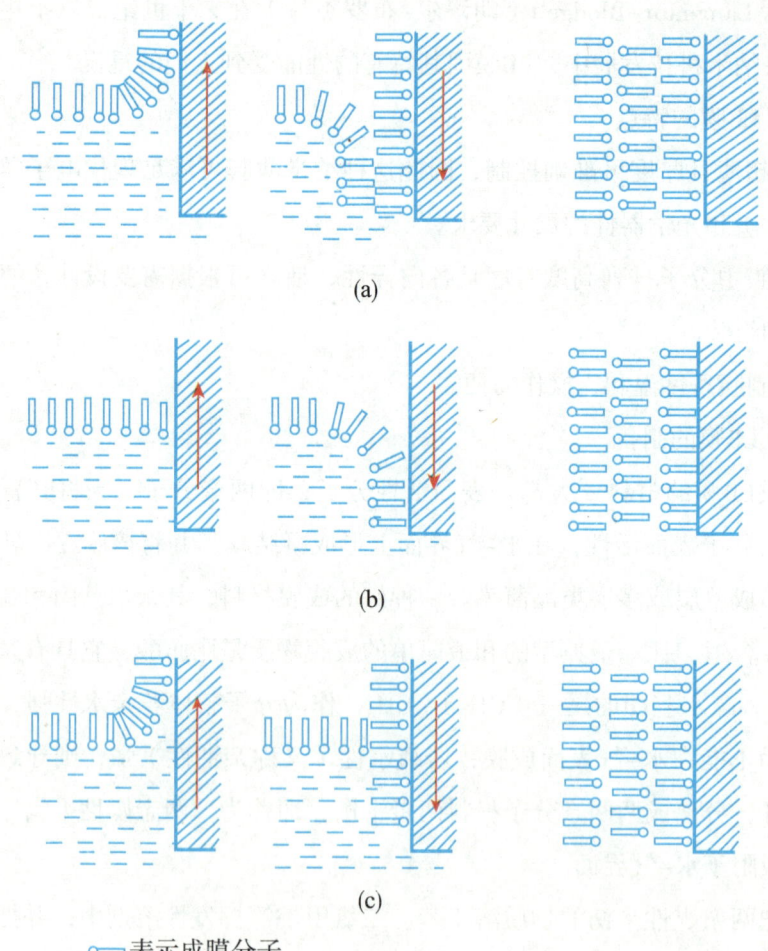

（a）Y形膜　（b）X形膜　（c）Z形膜

LB膜制备示意图

下图所示为LB膜制作的装置模式图。

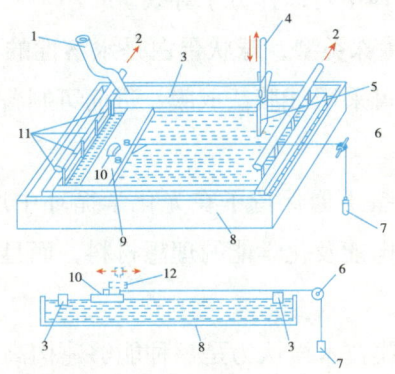

LB膜制作装置模式图

1-供水管　2-连接吸收泵　3-聚丙烯框架　4-基片上下移动臂　5-基片　6-滑轮　7-重物

8-方形水槽　9-聚丙烯浮子　10-磁铁　11-吸附喷管　12-浮子移动用可动磁铁

（三）LB膜的应用

（1）功能化、器件化的LB膜将具有特殊光、电、磁、热等性质的过渡金属配合物，组装到LB膜中将产生具有预期分子排列的功能纳米薄膜。

1）用二［N-十六烷基-8-羟基-2-喹啉甲酰胺］合镉［Cd（HQ）$_2$］的LB膜可用作电致发光器件（EL）的发光层，LB膜的层数和沉积压会影响器件的性能。

2）基于聚吡咯骨架，聚合噻吩或低聚噻吩的两亲共轭聚合物，如掺杂有阴离子的聚吡咯LB膜，具有类似金属的电导，其纵向电导率可达0.1秒/厘米。

3）平整、致密和均匀的LB膜还是集成光学、超晶格薄膜晶体管的活性膜和各种MIS器件的绝缘膜。

4）LB膜可作为电子显微镜的复型膜和光刻技术中的光蚀膜。

5）LB膜在MIS的场效应器件中得到很好的应用。

（2）用作生物细胞的简化模型LB膜具有极好的生物相溶性，并能把功能分子固定在既定的位置上，因而LB膜可用作生物细胞的简化模型，以供对生物生理作用的研究。

1）绿色叶绿素可在气/水界面形成稳定的单分子膜，并组装为LB膜，成为光合作用膜的基础。

2）类胡萝卜素亦是光合作用的色素，它吸收不被叶绿素吸收的光波，生成生物膜的补充光受体，在分子电学中，由于β-胡萝卜素含有一不饱和碳链，这个碳链在一定的多层LB膜集合体中可以作分子导线。

3）蛋白质是多肽的特殊类型，球状蛋白是水溶性的，其极性基团倾向于在母体分子外表面，这种蛋白可采用LB膜法成膜，进而可制备抗生蛋白链菌素和抗生物素蛋白的LB膜。

4）紫膜用LB膜法制备不但保持了在光化学循环中所具有的光驱动质子泵功能，成为研究光能转换成电能及化学能的理想材料，而且在生物传感器、太阳能转换、生物芯片上得到应用。

（3）LB膜润滑。LB膜技术被认为是一种能够建构高级分子系统的潜在技术，但是普通脂肪酸和磷脂材料制备的LB膜性能不好，因此在微型机械的润滑上采用改良的LB膜。

1）在LB膜分子中引入无机分子制成混合LB膜，如二烷基二硫代磷酸酯吡啶盐（PyDDP）修饰的MoS_2纳米颗粒LB膜，摩擦系数低，抗磨损性能好。

2）采用外电场改变表面电荷及表面电势，可降低LB膜的摩擦系数，增加抗磨寿命。有报道称，在适当电压和频率的电场作用下，LB膜与陶瓷对磨时，摩擦力接近于0。

3）采用聚合物成膜可提高LB膜的热稳定性和力学性能。

第五章 纳米材料的应用

第一节 纳米机械学

20世纪是一个伟大的世纪,就制造业来讲,涌现和产生了各种各样的先进制造技术(AMT),用这些技术制造了半导体、无线电产品和设施、大规模集成电路和芯片,制造了汽车、机床、机器人、飞机、火箭、计算机、电视机、移动通信设施及产品等成千上万的机电产品,极大地改变和丰富了人类的生产和生活方式。在21世纪,制造业面临市场全球化的大趋势,顾客需求更加多样化,环境保护意识日益增强,技术创新速度加快等多方面的压力,同时也呈现了更好的发展机遇。制造技术是关系到国家生存和繁荣的重要基础,制造技术水平与制造业的发达程度反映了一个国家。一个地区的经济实力和综合国力。一个国家如果不重视发展先进制造技术(AMT)和制造业,必然要吃亏、上当、挨打和落后。美国学者在《美国制造业的衰退及对策——夺回生产优势》的报告中有一句名言:"一个国家要想生活好,必须生产好","失去制造就失去未来"。

随着科学技术的发展,人们在不断追求机械装置的小型化、微型化,希望以尽可能小的能耗以及最少的物质消耗来满足生物、医学、航天航空、数字通信、传感技术、灵巧武器等领域日益增长的要求。微小型化始终是当代科技发展的方向。著名物理学家Richard P. Feynman曾敏锐地观察到了这一领域在科学技术方面潜在的巨大推动作用。他曾在1959年预言,系统的微小型化与低温、高压物理方面的研究一样,将具有广阔的发展空间和重要意义。20世纪后半叶,随着大规模集成电路技术和微型制造技术的发展,不仅使计算机和信息技术等领域面貌一新,而且在许多领域引发了一场微小型化革命。以制造毫米以下尺寸的机构和系统为目的的微/纳米技术,一方面利用物理、化学方法将分子和原子组装起来,形成有一定功能的微/纳米结构;另一方面利用精细加工手段加工出微/纳米结构。前者导致了纳米生物学、纳米化学等边缘科学的产生；后者在小型机械制造领域开始了一场革命，导致了微电子机械系统技术（micro electro-mechanical system，MEMS）的出现。

MEMS在国际上尚未有统一的名称和定义。美国在这一方面的研究是在半导体集成电路工艺技术基础上延伸和拓展而来的，故称之为MEMS，这也是目前广为使用的名称，我国也应用此名称。欧洲称之为微系统（microsystem），日本则称之为微机器（micromachine）。MEMS与宏观机电系统相比，不仅几何尺寸大大缩小，其自身还将有传统理论难以做出解释和预测的特定规律。因此，作为研究微型机械工作原理和设计理论与方法的纳米机械学（nanomechanics）或微机械学（micromechanics）得到迅速发展并成为机械科学技术中的前沿领域。

一、微机械的发展历程

为了满足现代科技发展的需要，从20世纪70年代开始，在机械装置小型化过程中产生了微机械的研究。此项研究最初是由美国斯坦福大学于1970年开始的，1987年美国投入大量经费资助微机械开发，随后日本和西欧也相继将微机械研究列为重要发展领域，促进了微机械的迅速发展。

微机械学的发展经历了两个阶段。最初，人们按照传统机械学的原理和方法开发小型机械。通常小型机械是传统机械简单的缩小，它在工作原理、机构材料和设计理论等方面大体上可以沿袭传统机械学。然而，在研制过程中发现，随着机械结构尺寸的不断缩小，构件所受到的外载荷和体积力变得次要，而构件间的摩擦力和其他表面力成为影响力学性能的主要因素。因此，微型机械的力学系统特征与传统机械不同。此外，制造机械的原材料小型化以后的物理性质及其对环境变化的影响也将有很大变化。所有这些都促使人们认识到传统机械学的理论和观点对于小型化机械已不适应，必须从新的构思出发，借助于纳米科技开发出与传统机械的结构、材料、功能和原理不同的机械装置，自然而然地微机械学的发展进入了第二阶段，即建立纳米机械学研究的阶段。

近年来，有的学者提出按照尺度将微小机械分成三类，即1~100毫米为小型机械；10微米~1毫米为微型机械；而10纳米~10微米为超微型机械（submicro machine）。下表简略地表明了小型机械与微型机械的差异。

第五章　纳米材料的应用

小型机械与微型机械

	小型机械	微型机械
尺度	从1~100毫米	从10微米~1毫米
材料	金属、高分子聚合物、陶瓷	硅、金属薄膜、高分子聚合物、陶瓷
构造	三维立体	多层的二维平面、三维立体
驱动	小型电动机、压电晶体、SMA薄膜	静电电动机、压电晶体、SMA薄膜、微驱动器
加工方法	超精密加工、电火花加工、激光加工、湿式腐蚀、粒子束加工	腐蚀、表面显微加工

　　美国是对微型机械进行研究最早的国家。斯坦福大学、麻省理工学院、加利福尼亚大学伯克利分校、犹他大学、威斯康新大学等都投入了大量人力物力从事微机械的研究，并取得了可喜的研究成果。其中，斯坦福大学于1965年接受斯坦福医学院的要求，开始利用硅片腐蚀方法制作脑电极阵列的探针，并取得成果。下图所示为用光刻技术做成的微米尺寸的微机械。后来，又相继研制出直径20微米、长度150微米的铰链连杆机构，210微米×100微米的滑块机构，转子直径为200微米的静电电机和流量为20毫升/分钟的液体泵。

直径为200微米的静电电机

加利福尼亚大学伯克利分校试制出直径为60微米的静电机，直径为50微米的旋转关节以及齿轮驱动的滑块和灵敏弹簧。美国贝尔实验室也开发出直径为400微米的齿轮机构。麻省理工学院研究出三自由度闭环平面机构操作器，可望用于低力矩的精密定位。最近，美国波士顿大学又制造出世界上一种最小的分子电机，该电机仅由78个原子组成。美国Dwkane公司设计了一种AL5010小型装配机器人，用来完成光导纤维引线的复杂操作。美国国会已把微型机械列为21世纪重点发展的学科之一。

日本对微机械的研究与开发虽然起步晚于美国，但由于给予了足够的重视，进展相当快。1989年成立了微机械研究会，集中了日本学术界和产业界的半导体、医疗器械方面的研究人员进行开拓性的全面研究和开发。东京大学、早稻田大学、名古屋大学、大阪府立大学、日本东北大学等单位都先后开展了微机械的研究工作。其中，东京大学成立了精密电子学和精密加工技术研究小组，专门对微型执行机构和超精密加工技术进行开发，实现了直径2.3~10微米的微孔加工，并研制成功1立方厘米大小的微型机械装置。日本东北大学工程系研制出控制微量流体的微型泵和两种流体无脉动的微型泵。早稻田大学开发出用形象记忆合金制作的微型机械人，他们研制的薄层Ti-Ni合金是一种可以双向、全圆活动的可逆形状记忆合金，非常适合于制作微型动作器。通过控制若干个微型动作器可以实现机器人多自由度运动。名古屋大学还研制出不需要电缆的管道移动爬行机器人，可以用于微小直径管道内的监测以及生物医学中人体器官等小空间内的操作。在日本，每年举行一次微型机械"爬山运动比赛"，并已举行五次微机械与人类科学国际会议，以此来推动微型机械的发展。

德国对微型机械的研究可以说与美国、日本并驾齐驱，并有自己的特色。1990年，卡尔斯鲁厄核研究中心微机构研究所制成世界上第一台微型涡轮机，其转子直径为0.1纳米。20世纪90年代初期，前联邦德国研究技术部将微型机械系统工程列为新开发的重点项目，为之提供了4亿马克的经费。1994年又投入6亿马克。由德国工程师协会和德国电工协会下属精密工具技术委员会统一协调微型机械的研究和开发，组织全德的大学、研究所和企业，划分为五个大组进行研制，并已取得了令人瞩目的进展。他们创造了LIGA工艺，制成了悬臂梁执行机械以及微型泵；利用流体力学效应开发了微型液压泵,还研制出几种光学器件。德国已将微型机械列入大学的必修课程。欧洲其他国家如英国、瑞士、荷兰、丹麦、挪威等国家都在积极从事微型机械的研究,英国沃里克大学研制出的"纳米粗糙度仪"能测出物体表面1纳米的变化。

我国微型机械研究起步并不算晚。1998年国家自然科学基金委批准东南大学静电电机方面的基金申请,从此开始了微型机械领域的研究。上海冶金技术研究所、清华大学、长春光学精密机械研究所、上海光学精密机械研究所等单位在微型齿轮蚀刻、微型汽轮机、静电微型电机、压电微型电机等方面都取得了可喜的成果。中国科学院和国家自然科学基金委已为微型机械的研究立项,还设立两个重点研究项目。最近,国家科委已把微型机械列为"攀登计划",作为国家重点支持的应用基础研究项目之一,投入资金500万元用于此项目的研究。长春光学精密机械研究所成立了中国第一个微型机械研究室,清华大学成立了微/纳米技术研究中心。虽然目前我国在微型机械方面的投资、技术基础方面与经济发达国家相比差距还很大,但在微型机械方面的研究正在形成自己的力量和技术方向,有望在微型机械领域的国际竞争中占有一席之地。

二、纳米机械学的范畴与组成

1.纳米机械学的概念

在微机械研究中,随着纳米加工、材料处理和微测控技术等的发展,人们已制造出各种微型机械零件、微型电机与微能源、微驱动器、微传感器等器件,并利用这些器件组合而成了微型机器人。然而,要将各种器件有效地组合成具有一定功能的机械系统,就需要发展纳米机械学研究来支撑。

纳米机械学是适应微型机电系统设计研究的需要而产生的一门学科。所谓纳米机械学,就是研究纳米尺度对象的机械结构、特性及其测量分析,以及进行相关微系统设计的学科。通常,机械工程包含机械学和机械制造学两大学科,它们分别对应于机械系统从构思到实现所经历的设计和制造两个阶段。清华大学的温诗铸教授认为,纳米机械学的任务就是以微型机械及其系统的设计为目标,研究各组成单元的工作原理、特性和设计理论与方法,并对系统进行功能综合和定量描述其性能的学科;它是通过创造新思维过程,规划出符合社会、生产和科学技术发展所需要的微型机电系统组合机构的探索性学科。

2.纳米机械学的研究范围

根据微型机械的特点和发展情况，现阶段纳米机械学的研究范围主要包括：研究机械中的运动变换和动力传递，以及机械系统在运动过程中动态特性的微机构学；研究适用于制造微型构件而性能独特的材料及其在环境影响下的变形响应和失效规律的微结构材料力学；从原子、分子尺度出发，研究相互运动接触界面上的作用、变化与损伤机理和对策的纳米摩擦学或微摩擦学；与纳米机械原理、制造及应用相关的关键技术等。此外，还有将微机械学应用于研究特定机械系统的如微型机器人等。因此，纳米机械学研究内容不仅与微电子学密切相关，而且还广泛涉及现代光学、气动力学、流体力学、热学、声学、磁学、自动控制、仿生学、材料科学以及表面物理与化学等领域，所以纳米机械学又是一门多学科的综合技术。

相对于传统机械而言，微型机械具有体积小、重量轻、能耗低的特点，但是，微型机械绝不是传统机械单纯地在尺度上的相似缩小。微型机械是可以成批制作的集合微机构、微驱动器、微能源以及微传感器和控制电路、信号处理装置等于一体的微型机械系统，是集成度高和智能化程度高的微型机械。由于微型机械在尺度、构造、材料、制造方法和工作原理等方面都与传统机械截然不同，因而它远远超出了传统机械的概念和范畴，它是基于现代科学技术并作为纳米科技的重要组成部分，是用一种崭新的思维方式与技术思路指导下的产物。作为微型机械设计、制造和评价基础的纳米机械学是一门具有独特科学体系的新兴学科，它在学科基础、研究内容和研究方法等方面都与传统机械学截然不同。应当指出，随着微型机械的发展，纳米机械学将会不断扩充其研究内容而出现更多的学科分支。

3.纳米机械学的组成

MEMS器件种类繁多，在航天、航空、汽车、生物医学等诸多领域有十分广阔的应用，在此根本无法列出所有的MEMS器件。根据目前研究情况，除了进行信号处理的IC部分外，主要有以下几大类：

（1）微传感器包括敏感和检测力学量、磁学量、热学量、化学量和生物量的传感器，每一类传感器又可以分为好多种。

（2）微执行器主要包括微电机、微齿轮、微泵、微阀等。

(3)微型构件主要包括微梁、微探针、微腔、微沟道等。

(4)微机械光学器件也就是利用MEMS技术制作的光学元器件,目前已有微晶阵列、微光扫描器、微光斩波器、微光开关等。

(5)微机械射频器件(RF MEMS)包括用微机械加工工艺制作的微型电感、可调电容、谐振器/滤波器、波导、传输线、天线阵列与移相器等。这些是目前MEMS器件研究的一个热点,将对射频技术产生重要的影响。

(6)真空电子器件真空电子器件是MEMS技术与真空电子和微电子技术结合的产物。这种技术是利用微细加工工艺在芯片上制造集成化的微型真空电子器件结构,如场致发射阴极阵列、阳极、绝缘层和微腔等。由于电力输运是在真空中进行的,因此开关速度极快,有很好的抗辐射能力和温度特性。目前这些器件的种类包括:场发射显示器、照明器件、微电子毫米器件、微电子传感器等。

(7)微能源和微动力源这些将是MEMS器件研究的一个重要方面,只是刚刚受到重视,起步较晚,进展较少。

目前纳米机械的应用研究热点基本集中在微型机器人和小型、微型及纳米卫星两个方面。

微型机器人是一个非常复杂的机电系统,现在已有不少单位在研制小型和微型机器人。美国Dwkane公司小型机器人分部,制造了一种AL5010小型机器人系统。这是个装配机器人,能够完成单位模光导纤维引线的复杂操作。MIT人工智能实验室正在研制一种"蚊子机器人",用于收集情报和窃听。日本名古屋大学研制成功不需要电缆的管道微型移动机器人,用管道外的电磁线圈控制它的运动,随着管道外的磁力线而移动。这种微型机器人既可用于小尺寸管道检测,也可在生物医学领域的小空间内工作。早稻田大学用薄层可逆TiNi形状记忆合金制成了微型机器人,因为可逆形状记忆合金可做双向全圆活动,所以每个自由度只有一片这种记忆合金制成的机构就行了,非常适宜做微型机器人的工作臂。另外,微型机器人在医学应用领域具有广阔的发展前途,微型机器人可以进入血管,从主动脉壁上刮去堆积的脂肪,疏通脑血栓病人阻塞的血管,在血管中杀死癌细胞等。

微型机械可将卫星微型化。微型和纳米卫星的设想如下:①小型卫星,即能用小型运载火箭发射的常规航天器,质量范围为50~500千克;②微型卫星,这是全部体现微型制造技术的成果,并能执行全部卫星应有的功能,质量范围为0.1~10千克;③纳米卫星,是依靠一种分布式结构完成自身功能的最小的微型卫星,质量范围小于0.1千克。关于纳米卫星的应用设想是:将卫星布设成局部星团和分布式星座,在等间距的18个太阳同步轨道上放置纳米卫星,每个轨道上等间距设放36颗纳米卫星,总共648颗纳米卫星,就可保证在任何时刻对地球上任何地点的连续覆盖。

三、微机械的特性及超微加工技术

微机械与宏观机械系统相比,不仅集合尺寸大大缩小了,其自身还将会出现许多传统(宏观)机械系统难以解释和预测的特殊规律。在这一方面的研究与探索极大地促进了微机械系统的发展。

(一)微机械的特性

尺寸效应是微机械系统中许多性能不同于宏观传统机械系统的非常重要的原因。微机械系统具有的主要特性是:

1.由于尺寸很小,重力的影响被表面力所取代

在宏观机械系统的加工与装配中需要克服的主要作用力是重力。由于微机械的尺寸很小,其重力的影响作用大大削弱,表面黏滞力的影响大大增强。表面粘滞力主要包括:范德华力、静电力和表面张力。随着机械尺度的减小,当球半径小于1毫米时,表面张力总是大于重力;当球的半径小于0.1毫米时,范德华力总是大于重力;而当球的半径小于0.01毫米时,静电力要大于重力。在三种力中表面张力的影响最大。表面张力主要受环境湿度和互相接触物体的表面材料影响,干燥或真空的环境、不吸水的表面涂层都可减小表面张力。静电力主要产生于摩擦和物体的碰撞,带不同电荷的物体将产生静电力。静电力的大小可用下式计算

$$p = \frac{1}{2}\varepsilon \mid E \mid^2 = \frac{\sigma^2}{2\varepsilon}$$

式中,ε为电解质的介电常数;E为电场强度;σ为表面的电荷密度。范德华力是分子之间的力,为

$$F = \frac{Hr}{6z}$$

式中,H为常数;r为物体半径;z为表面距离,且z<r。

2. 材料强度增加

由于尺寸减小，没有了作为物理缺陷的晶体边界的存在，致使微机械机构零件的材料强度可达到普通材料的数倍甚至数百倍，不能按照普通机械的强度计算公式来设计微型机械，否则将会带来很大的误差。

3. 表面零件的强度变化

由于表面积与体积之比增大，化学和热现象非常活跃，热传导与化学反应增快，接触或滑动部分会出现微摩擦学方面的独特现象。但是，对热驱动执行器的机械-化学加工是非常有利的。

4. 制作精度降低

由于微型机械的尺寸缩小，在一定的加工误差情况下，其相对误差就自然增大了。有研究发现，目前在微型机械中很难实现相对误差$e<10^{-3}$。

5. 有源驱动

微型机械难以从外部连续获取能量，要求实现长时间的有源驱动。通常用微电动机或微驱动器作为动力源，以提供旋转或直线运动。

6. 机电一体化系统

微机械系统应尽可能缩短运动链和构件数量，设计具有多种功能的组合结构。通常是将能量传送、运动传递和执行机构集成一体，有的还包括传感器、测控回路等装置，有时将膜片、弹性梁、铰链、弹簧等组合，利用集成电路制作技术将它们集成在一块硅片上，组成完整的微机电系统。

（二）超微加工技术

微机械由于尺寸的减小，其尺寸效应使微机械显现出许多新的特性，使得制造和装配都非常困难。"宏"机械原有的加工方法（切削、磨、冲压、铸、锻等）远远不能满足需要，应该使用许多新的加工方法。在微机械的研究探索中，全部由机械机构组成的微型机械几乎不存在，通常是机械与电子技术组合而成的机电一体化系统（MEMS），就是将各种器件集成在一块多晶硅片上组成功能完整的系统。不仅尺寸小，而且具有惯性小、热容量低，容易获得高灵敏度和高响应性的特点。因此，像激光束、电子束、化学蚀刻等加工方法是常用的方法。

1. 材料

MEMS发源于微电子技术，因此，其材料仍以硅材料为主。微型机械所用的材料按性质来划分可以分为结构材料和功能材料两大类。结构材料是指具有一定机械强度用于构造微型机械结构基体的材料；功能材料是指具有能量变换能力的材料。

目前，最常用的结构材料是硅，一方面是因为硅具有优良的力学性能和电性能，另一方面是硅的加工工艺和手段比较完善。早在1982年，Petersen就对硅的优越的性能进行了总结。结构用硅材料按其微观晶体组成可分为单晶硅和多晶硅。单晶硅的机械品质因数高，滞后和蠕变极小，它的断裂强度和Knoop's硬度比不锈钢要高，弹性模量与不锈钢相近，密度只有不锈钢的1/3，因而机械稳定性特别好。多晶硅是由许多取向和排列无序的单晶颗粒组成的，力学性能与单晶硅相近，但受工艺的影响较大。硅材料的导热性好，还有多种传感特性，是一种十分优良的微型机械材料。由于硅材料呈现一定的脆性，容易断裂，在加工中应尽量减少硅表面、边缘和体内缺陷的形成，尽量少用切、磨、抛光等机械工艺。在高温工艺、多重薄膜的淀积过程中，要尽量减少内应力的产生，可采用一定的表面钝化和保护措施来防止和消除。

除了硅材料外，其他半导体材料、石英（晶态SiO_2）、玻璃、陶瓷、金属薄膜等材料也可作为微型机械结构材料。

功能材料是具有能量变换能力，可以实现敏感和致动（actuation，也称为执行）功能的材料。这些材料包括各种压电材料、光敏材料、磁致伸缩材料、形状记忆材料、电流变体材料、气敏材料和生物敏材料等多种材料。

2.腐蚀法

这种工艺方法用腐蚀方法从硅衬底材料上有选择地除去大量材料，从而形成所需要的模片、沟、槽等结构，这种方法获得的结构几何尺寸较大，力学性能较好。但是对硅材料的浪费也较大，且做成集成电路的兼容性不好。

根据腐蚀剂的相态，可以将腐蚀方法划分为三种。采用液相腐蚀剂的腐蚀工艺称为湿法腐蚀；采用气相和等离子态腐蚀剂的腐蚀工艺称为干法腐蚀。三种腐蚀方法的反应机理、反应速度、腐蚀剂和其他特性都各不相同。

3.表面淀积法

利用硅片表面薄膜的淀积法获得机械结构的方法叫作表面淀积法，这是一种表面微机械加工工艺。这种工艺，采用了大量与集成电路兼容的材料和工艺，便于集成和批量生产。这种方法淀积的薄膜不能过厚，得到的结构尺寸和质量都比较小，如果用电容作为检测方法，其绝对值和变化量也很小，检测到的信号弱。但是，所得到的机械结构可以和电流集成于同一芯片内，检测电路受噪声和寄生效应的影响小，弥补了灵敏度低的缺陷。

除了常用的硅材料以外，表面微机械加工中还可以采用其他结构材料，以获得可控的残余应力值、弹性模量、薄膜形态、硬度、电导率和反光折射率。第一类这样的材料是金属，包括ai和CVD-W（化学气相沉积法制备的钨膜）、电镀镍、铜等，特别是Al，它具有良好的反光特性，可用于构成微光学系统的结构，如Texas Instrument的DMD（digital mirror device）。这时，牺牲层材料可采用spin-on或气相淀积的有机物，如光刻胶、聚酰亚胺、聚对二甲苯等。第二类这样的材料包括CMOS工艺中制作互联所用的二氧化硅、氮化硅和Al层等。这些材料的应用可以简化机械结构和电路的集成，但机械特性有一定的限制。第三类材料是氮化硅，这种薄膜的表面比多晶硅表面光滑，可以直接作为点激光发射材料，其张力可以通过让薄膜富硅化和在氧化气氛中退火的办法予以减小。

4. LIGA技术

LIGA是德语光刻（lithographie）、电铸（galvanoformung）和成形（abformung）三个单词的缩写，是一种由深度X射线光刻、微电铸成形和塑料铸模技术结合而成的综合性加工技术。LIGA技术最初的目的是批量生产微机械部件，目前是进行三维立体微细加工成批量生产微型机械部件的方法。这种技术的步骤是：①用同步辐射X射线光刻技术光刻出所要求的图形；②利用电铸方法制作出与光刻胶图形相反的图形；③利用微塑铸制备各种材料的结构。这种技术由于需要的同步辐射X射线源的设备价格昂贵，而且掩模制作工艺复杂，目前还难以推广。

为了克服这种技术同步辐射X射线源昂贵的缺点，人们开发了具有代表性的借用常规的紫外光刻设备和掩模板进行厚光刻胶光刻技术。利用这种办法虽不能达到LIGA工艺的水平，但也能满足MEMS微机械制作中的要求。另外也可以利用高深宽比蚀刻技术（DRIE）在硅片或塑料上蚀刻出高深宽比结构，以此作为模具用电镀或淀积十牺牲层腐蚀的办法获得金属或硅元件，如HexSil工艺和DEM工艺等。

5. MEMS封装技术

集成电路的封装技术目前已经十分成熟，相应的设备也很完善。MEMS的封装技术的研究却大大落后于器件的研究。虽然两者的封装有相同之处，但又有很大的差别。由于MEMS含有各种微机械结构，并需要与电信号以外的其他物理量相互作用，因而微型机械的封装问题比较复杂，需要根据不同的器件、不同的要求来解决，不可能有统一的、标准化的封装方法，这是要在器件设计时就应充分考虑的问题。这一问题已经被人们重视，有多种形式的封装技术出现，并能大大降低封装成本。其中引人注目的是芯片级或硅片级封装的研究。

6.CAD技术

对微型机械来说，CAD技术可以优化微型机械的结构和工艺，减少试制成本；缩短设计周期，增强市场竞争能力；有助于发现处理微小范围内的力、热、电磁等能量之间的相互作用，具有十分重要的意义。

MEMS所需要的建模和仿真可以分为以下几个不同的层次：

（1）工艺模拟 工艺模拟的目的是通过建立每一步的物理模型，采用合适的数值算法，模拟出MEMS的拓扑结构。对标准IC工艺，可以采用SUPREM；对MEMS特有的体型和表面加工工艺，则需要开发专用的模拟程序。专用工艺的模型一般分为几何模型和物理模型两类，一般牺牲层腐蚀和键合工艺采用几何模型以简化分析，薄膜淀积和蚀刻工艺则采用物理模型。IntelliSuite和MEMCAD中都集成有这类功能。

（2）器件模拟 经工艺模拟得到的MEMS器件结构，根据其工作原理，建立相应的方程，通过有限元、边界元和差分方法就可以模拟出MEMS器件的性能，这就是器件模拟。在这类模拟中，需要有合适的边界条件和材料特性数据库（包括机械、电学、热学和磁学特性）。这类模拟往往涉及静态和动态的不同能量域的耦合分析，比较复杂。但是，器件模拟可以采用现成的商用软件，如ANSYS。

（3）宏模型与系统级模拟 系统级模拟要求MEMS器件的模型简单，而且能反映器件的材料特性和几何特征，这样的器件模型称为宏模型。建立宏模型的方法主要有：①把器件级模拟结果转化成等效的宏模型，但要经过一定的简化；②解析法；③集总参数法，把连续的MEMS器件分解为集总参数的网络，从而描述器件的工作特性。只要一旦建立起宏模型，就可以采用SPICE或MATLAB等成熟软件进行系统模拟。

目前商业化的专用MEMS模拟软件MEMCAD、IntelliSuite和MEMSPro（MEMSCAP）已经实现了上述三种模拟和建模功能的集成，具有一定的设计能力，并能与常用的电路板图设计软件和有限元分析软件接口。下一步的发展应该是功能的完善和增强（如加入封装工艺的模拟等），并能方便器件级的研究（FEM/BEM模拟）、系统/概念/行为级研究（VHDL-AMS）和物理级（版图）之间的数据交换。

7.扫描隧道显微加工技术

扫描隧道显微加工技术是纳米加工技术中最新发展，可实现原子、分子的搬迁、去除、增添和排列重组，是实现极限加工或原子级精加工的最新技术。近年来扫描隧道显微加工技术，即原子级加工技术获得了迅速的发展，取得了多项重要成果。1990年美国圣荷赛IBM阿尔马登研究所的D.M.Eigler等人，在4K和超真空环境中，用STM将Ni（110）表面吸附的Xe（氙）原子逐一搬迁，最终以35个Xe原子排列成IBM三个字母，每个字母高5纳米，Xe原子间距约为1纳米。这种原子搬迁的方法就是使显微镜探针针尖对准选中的Xe原子，使原子间作用力达到让Xe原子跟随针尖移动到指定位置而不脱离Ni的表面。

将STM用于纳米级光刻加工时，具有极细的光斑直径，可以达到原子级，这样可使加工特征和加工工具处于同一尺度。其次是所产生的二次电子对线宽影响很小，而且成本较低，可以在大气甚至液体介质中工作。美国IBM公司的M. A. Mocord等，在Si片上均匀覆盖一层厚20纳米的聚甲基丙烯酸甲酯（PMMA），然后用扫描隧道显微镜（STM）进行光刻，得到10纳米宽线条的图案。其后，M. A.Mcocord等又相继研制成功13.5纳米厚的Au-Pd合金薄膜电阻。

北京真空物理研究所报道了用STM在Si（111）7纳米×7纳米表面在直流偏压作用下获得原子级平直沟的成果。

8.微型机械测试技术

测试技术是微型机械加工技术的重要组成部分，因为微型结构以及整个微型机械系统的各项参数的获得，是保证加工质量、研究加工规律的基础。在微型机械加工过程中，需要测试的参数包括几何量、力学量、电磁量、光学量和声学量。令人遗憾的是目前在线测试技术还不完备，缺乏专用和自动化的测试设备与系统，成为微型机械发展的一个瓶颈。

加工过程中的测试技术主要包括：微型机械用材料测试、微型机械产品加工过程参数测试、微型机械器件与芯片基本功能测试三个主要方面。

（1）MEMS用材料性能测试　材料性能测试包括MEMS用结构材料和功能材料性能的测试。应该研究的方向是：评估方法与标准；功能材料专项性能测试技术；关键功能材料性能测试仪器与手段等。

（2）MEMS产品加工过程参数测试　产品加工过程参数测试包括相关的电路测试技术研究，三维结构形貌与尺寸测试技术，微观机械特性测试技术，表面膜结构与性能测试技术。以后发展的重点应该是研发关键工艺的在线测试与分析手段，为稳定的MEMS产品批量生产提供工艺支持。

（3）MEMS芯片基本功能测试　主要是研究芯片级微机械动态特性测试技术、微机械光学测试技术、微机械力学特性测试技术、微机械结构分析技术等专用测试技术研究工作。结合研制的RF MEMS芯片、Bio MEMS等不同类型的芯片，开发标准化、低成本的系统级系列监测仪器，提高测试的自动化与效率。

加工过程测试技术的关键技术主要是产品加工过程中的测试通用性、测试结构设计技术和测试参数数据库。

9.微型机械（MEMS）装配技术

由于微型机械器件尺寸小、重量轻、要求精度高，一般传统机械的装配技术不适用于微型机械的装配。也就是说微型机械不能由人工直接操作来装配，而需要研究采用特殊的装配技术和系统。目前主要是主从装配系统、自动化装配系统和使用微机械手装配。

主从装配系统分主、从两个部分。主操作部分由操作者控制，该系统将操作者的大范围运动按比例缩小传递给从动部分，以适应微操作的精确定位；从动部分在操作器件时，将接触力和夹持力按比例进行放大后传递给主动部分的操作者，这样就实现了系统的力反馈。其不足之处是存在力反馈的延迟。

自动化装配是减小操作者的劳动强度、降低微型机械的制造成本的合适选择。Y.Zhou、B.Vikramaditya与J.T.Feddema、R.W.Simon等人都使用了不同类型的自动化装配系统。使用自动化装配系统一次可以装配几个、十几个，甚至上百个相同器件，降低装配成本，具有广阔的前途，应该是微型机械装配的发展目标。

由于机械手操作灵活，有很好的柔性，能适应各种作业，在现代工业中被广泛应用。在微型机械的装配中，由于要求的定位精度高，必须使得微机械手有很高的制造精度，不仅零件的公差要控制在纳米范围内，还必须控制振动、摩擦、热膨胀等在传统机械装配中可以忽略的因素。S.Fatikow设计出50mm和80mm大小的机械手，运动速度可达30毫米/秒，具有3个自由度（两个平面，一个旋转）在一个平台上移动，能达到工作空间的任一点，一个固定摄像机被用来控制机械手的精确定位，另一个摄像机和激光测距仪被用来控制机械手的粗定位。

第二节　纳米生物学

一、纳米生物学中生物大分子的结构和功能的研究

生物体系以生命物质（如糖、蛋白质、核酸和激素等生物活性分子）为基础构

成，有许多的有机分子和金属、非金属原子，也有各种各样的生物大分子，这其中蛋白质和核酸的作用最重要。

从结构上讲，蛋白质与核酸这两种重要的生物大分子的几何尺度均处于光学显微镜不可见的约几个到几十个纳米的范围之内。以往对于纳米尺度上的生物大分子结构的研究，主要通过电子显微镜观察和X光晶体衍射等方法来实现的。但是它们各有局限之处，电子显微镜要求有一定的真空干燥制样条件，而且在观测中电子束对生物样品有损伤；X光晶体衍射方法具有很高的分辨率，但它要求样品能够结晶，样品需求量也较大，所获得的实验结果是大范围平均值，而且需经模拟和计算才能得到高分辨率的具体图像。STM/AFM则可在近自然的大气或液体条件下成像，而且结果直观，分辨率高，是研究生物大分子表面拓扑结构，特别是局域结构的理想方法。

（一）脱氧核糖核酸（DNA）

核酸是重要的生物大分子，是一类线形多聚核苷酸，它的基本单元是核苷酸。

DNA是由脱氧核糖核苷酸组成的长链多聚物。作为遗传的物质基础，它必须具有下列特点：

· 纳米具有稳定的特定结构，能进行复制。

· 携带生命的遗传信息，以决定生命的产生、生长和发育。

· 能产生遗传的变异，使进化永不枯竭。

1953年，生物化学家James Watson和Francis Crick首次发现了DNA（脱氧核糖核酸）的双螺旋结构后，涌现了许多前所未有的DNA生物技术，广泛用于造福于人类的伟大事业。近年来，由于高分辨的扫描隧道显微镜和原子力显微镜的应用，使得人类已经能够成功地观察到了DNA分子的双螺旋结构。DNA分子的直径为2纳米，双螺旋的螺距为3.4纳米，因此，DNA的特征尺寸是在纳米技术的尺度范围之内，属于纳米生物学的研究内容之一。

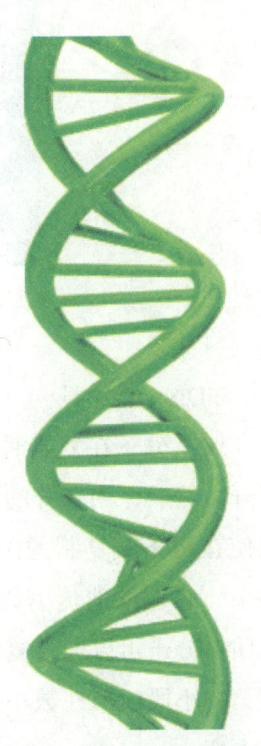

DNA分子的双螺旋结构的模型

1.DNA的组成特点和结构

DNA分子的结构模型如图所示。DNA分子的双螺旋结构是由两条磷酸核糖主链相互缠绕形成。在DNA分子中，总共有4种碱基，分别为A（腺嘌呤碱基，

Adenine）、T（胸嘧啶碱基，Thymine），C（胞嘧啶碱基，Cytosine）和G（鸟嘌呤碱基，Guanine）。这4种碱基通过严格配对后构成了DNA分子中的两种不同的碱基对，其中A和T由两个氢键相连配对，C和G则由三个氢键相连配对，十分严密。在一个DNA双螺距内共有10个碱基对，相邻两个碱基对之间的间距为0.34纳米，相互旋转36°，10个碱基对共旋转360°，正好为一个螺距。

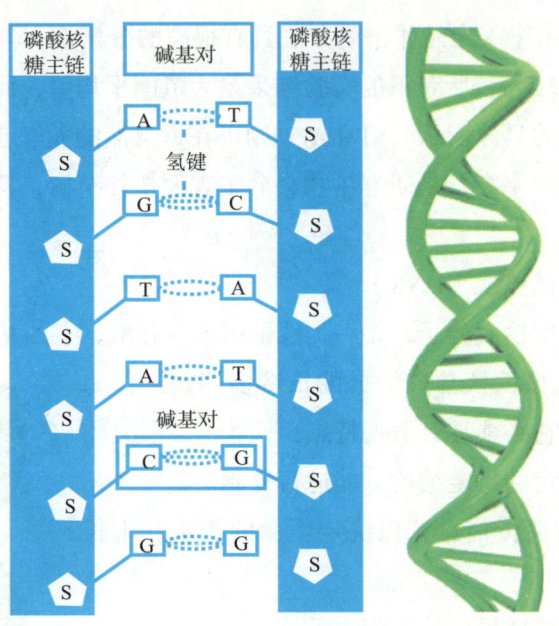

DNA的两种不同的碱基对

2.DNA的复制

DNA分子在复制时，先断开A—T和C—G碱基对的氢键，使两条磷酸核糖主链解开。然后，用解开的两条磷酸核糖主链作为模板，分别复制出新的DNA分子。这就使在两条新复制的DNA分子中都含有一条复制前的磷酸核糖主链（称为父辈主链），它们的遗传密码与复制前的DNA分子的遗传密码完全相同，这也就是为什么DNA分子可以通过复制把遗传信息传给下一代的原因。由于DNA分子的复制率很高，一小段DNA在数小时内可以完成数百万次的复制过程，并始终保持它的遗传信息不变。

3.DNA精细结构的STM研究

国际上第一张DNA分子的STM直观图像于1989年1月问世，被评为当年美国第一号科技成果。同年4月,我国获得了鱼精子B型DNA的直观图像,清晰地显示了其右手螺旋的特征。这一成果也被美国《大众科学》年终评论评为1989年重大进展。探索DNA新构型是STM对DNA结构研究可能做出的第一个重要贡献。

（二）基因工程（遗传工程）

1.基本概念

一般认为遗传工程的定义可以分为狭义和广义两种。狭义的遗传工程就是重组DNA技术,又称分子克隆或基因工程；广义的遗传工程包括细胞工程、染色体工程、细胞器工程等。习惯上所讲的遗传工程多指基因工程。

基因工程实施过程如下：

（1）用一种"手术刀"——限制性核酸内切酶（简称内切酶）,从一种生物细胞的核酸分子上切取所需要的遗传基因。从某种生物中分离得来的基因,含有一种或几种遗传信息。这种基因是外来基因,称为外源性DNA分子或外源性基因。

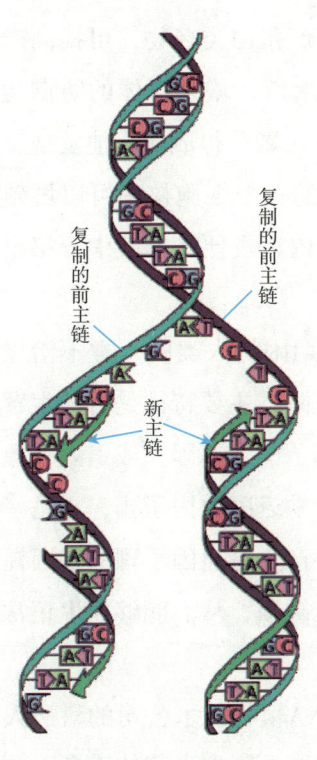

DNA的复制过程

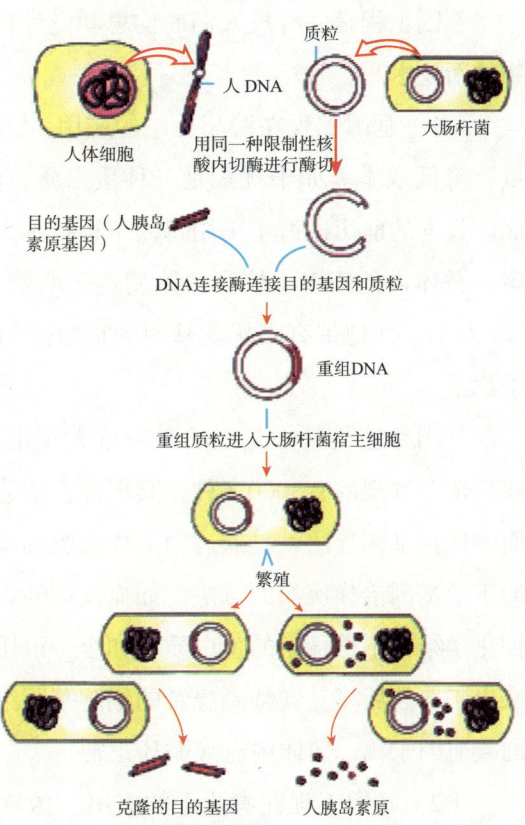

基因工程实施过程

（2）选择适宜的基因运载体，它经内切酶处理后，与外源性基因结合，形成重组DNA。

（3）带着新基因的运载体进入一种生物细胞里。

（4）新的基因在该细胞里定居下来，并不断进行复制、繁殖，产生无性生殖系，即细胞分裂后产生的新细胞仍然含有外源性基因或DNA分子。

基因工程是生物工程的核心技术。它的研究水平最能代表一个国家生物工程研究与开发的实力。

上海原子核研究所首次获得了E. Coli DNA聚合酶Ⅰ以及它与DNA处于聚合状态复合物的STM直观图像，并且直观地证明了DNA聚合酶在DNA形成复合物时构象发生了改变。这一成果不仅提供了近生理状态下DNA合成过程的新信息，同时，也为研究DNA与蛋白质复合物结构提供了一种新方法。

2.基因工程的应用

基因工程是一种按人们的构思和设计在试管内操作遗传物质，最终实现改造生物的新技术。

（1）基因工程在医药业中的应用。利用基因工程生产蛋白类药物，可提高产量，降低成本。如干扰素是一种蛋白质，能抑制癌细胞增殖，增强身体的防御功能。日本的前田进博士采用基因工程技术，使蚕生产人干扰素获得成功。他发现，附在蚕体内的NPV（核多角体病毒）增殖效果好，在蚕的一个细胞核中可以增殖100万个。他把带有干扰素基因的重组体NPV接种到蚕体内，蚕便在体液中分泌出干扰素。

基因疗法是基因工程的又一重大应用。遗传病是长期困扰人类的一类不治之症，迄今发现的有3000多种。其根源在于遗传基因存在缺陷，主要特征是可随生育而传代。基因疗法就是通过向人体细胞的基因组置换"坏了的"基因，或引入外源的正常基因治疗疾病的方法。如血友病的病根在于血液中缺乏凝血因子Ⅷ，它是一种化学结构不很稳定的蛋白质。如今，可用人工的方法将产生凝血因子Ⅷ的基因提取出来，然后将其转移到患者的细胞基因组中，弥补遗传缺损，从而能够产生正常的凝血因子Ⅷ，使体内血液循环正常。

（2）基因工程在农业上的应用。1991年初，美国DNA植物技术公司的科研人员同时栽种了3批烟草植株。数月之后，其中一批由于遭受土壤中真菌的感染而严重损害;另一批由于使用了市售的化学杀菌剂而生长良好;而在第三批烟草植株上,它们没有使用任何杀真菌剂,却生长得特别旺盛,收获产量比前两批的都高。这是因为这批烟草并非普通烟草,而是基因重组的产物。

真菌的细胞壁中有一种重要成分叫几丁质,几丁质如果受到破坏,真菌就无法肆虐。自然界有一种细菌含有能产生几丁质酶的基因,产生的几丁质酶是破坏几丁质的最有效催化剂。美国DNA植物技术公司的科研人员从一种细菌中发现了这种基因,并且运用基因工程技术把它插进了烟草植株中,于是诞生了具有抗真菌能力的新型烟草。

除了应用基因工程使作物获得抗真菌、细菌和线虫的能力外,目前还正在试图利用基因工程手段提高作物的抗逆性和营养价值。

科学家们预言,若能用基因工程将固氮基因插入各种非豆科植物染色体组内,则可将空气中的氮直接转化为植物生长所需的氮,那将是农业生产的一次大的飞跃。

(3)基因工程在工业方面的应用。有一种超级细菌,能快速分解石油,可用于清除被石油污染的海域。这种超级细菌是美国科学家用基因工程方法,把降解不同石油化合物的基因移植到一个菌株内而产生的。

氢气在燃烧过程中,除释放能量外,产生的废物只有水,不会造成环境污染,被称为理想、清洁的燃料。一些水中生长的微生物在光照下,会不断地将水分解,放出氢气,然后可用容器将氢气收集起来。日本一研究所以提高光合作用微生物生产氢的效率为目标,正在利用基因重组技术,改良微生物,以大幅度地提高生产氢气的能力,为利用微生物生产氢气尽早投入实际生产和应用创造条件。

总之,基因工程的发展将会给人类社会带来巨大的变化。

3.人类基因组计划和应用

1990年,国际人类基因组织(The Human Genome Organization,HUGO)和美国国家卫生研究院(National Institute of Health,NIH)向美国国会提交了美国"人类基因组计划(Human Genome Project,HGP)"联合项目的5年计划,这个计划也被称为"生命科学阿波罗登月计划"。美国国会随即批准了这个计划,并拨款30亿美元,计划以15年的时间来完成这项庞大的人类基因组计划,以确定人类基因中约32亿个碱基对(base pairs)的DNA排列顺序,并希望寻找出人体10万个或更多的基因。与此同时，日本、德国、英国、法国等发达国家也先后投入巨款加入到这项研究计划中来。我国于1994年才正式启动人类基因组计划，1998年在中国科学院遗传研究所建立了人类基因研究中心，1999年7月，中国政府向国际人类基因组申请加入人类基因组研究计划后，承担了1%的测序任务，即人的第3号染色体短臂上3000万个碱基对，成为参加人类基因组研究计划中的唯一发展中国家。这项被称为"生命科学阿波罗登月计划"的人类基因组计划的庞大之处在于该计划要对人体细胞核中约32亿个碱基对的DNA序列和人体内数万个基因作定位的描图，并同时要阐明它们的功能，确定它们的序列位置和排列组合方式，以及它们在重组及变异过程中的某些规律，从而来破译人类的全部遗传密码。这项研究计划的重大意义还在于它可以支持和推动生命科学中一系列重大基础研究，如基因组遗传语言的破译，基因的结构与功能的关系，生命的起源和进化，细胞发育的分子机理，以及疾病发生的机理等。同时，该项计划的实施还可以促进信息科学、材料科学与生命科学的更加紧密的结合，激发相关科学与技术的发展。

1999年12月1日，人类基因组全部破译了人体23对染色体中第二小的第22号染色体。该染色体共有3 350万个碱基对，并构成了679个基因，其中最长的一个DNA的片段有2 300万个碱基对。如果按一个螺距（3.4纳米）中含有10个碱基对来计算，这个最长的DNA竟长达7.82纳米，这是人类基因组测序研究中发现的最长的DNA片段。第22号染色体的基因长度范围为1 000个碱基对（约长0.34微米）到58.3万个碱基对（约长198微米），平均长度为19万个碱基对（约长64微米）。同时研究还发现，第22号染色体的基因主要与人的先天性心脏病、免疫功能低下、精神分裂症、智力低下和许多恶性肿瘤如白血病等有关。

经过长达10年的不懈努力，美国前总统克林顿和英国首相布莱尔于2000年6月26日联合宣布了人类基因组草图绘制完成的消息，这一时间比原定于2001年完成的日期整整提前了一年。与此同时，中国政府也宣布我国科学工作者顺利完成了其中的1%人类基因的测序工作。人类基因组草图的绘制成功标志着人类将要从真正认识人类自身开始，来不断揭开人类生命和疾病的奥秘，这是21世纪中伟大的科学贡献。无疑，2000年6月26日是人类历史上"值得载入史册的一天"。

2001年2月12日，由美、中、日、德、英、法等6个国家参加的人类基因组计划和美国瑟雷拉公司（Celera Genomics，CRG）联合公布了在"人类基因组草图"

（95%）的基础上经过整理、分类和排列的分析结果。"基因信息"的结果表明，人类的基因组由31.647亿个碱基对组成，共有约3.3万个（人类基因组计划公布）3.9万个（瑟雷拉公司公布）基因，比低等动物果蝇仅多2万个（果蝇基因数为1.36万个），比线虫多1万个，远小于原先10万个基因的估计。对此，人类基因组计划研究所所长、首席科学家柯林斯作评论说，"看来人类基因组序列这部'书'并没有原先想象得那么复杂"，"人类基因总数少，说明人类在使用基因方面很节约，与其他物种相比更高效。原来认为一种基因只负责一种蛋白质，现在看来是不准确的，每个基因负责合成三种蛋白质。"

瑟雷拉公司的总裁兼首席科学家文特尔（J. Craig Venter）敏锐地指出，发现人类基因数少这一事实的意义非常重要，因为它将会改变我们原有的关于"一种基因仅与一种疾病有关"的观念。这就说明虽然人类基因组图谱揭开了人类生命和疾病的奥秘，但是应用基因检测来诊断疾病可能不是最准确的方法，可能蛋白质检测会更准，因为蛋白质是维持人体存活的分子功能（产生能量、分解废物、对抗感染……）的执行者，而基因仅是细胞提供指令以制造蛋白质而已。因此，随着人类基因组计划的实施，蛋白质组学也得到了同步的飞速发展，逐渐成为一门新兴的学科。2001年5月初，美国、日本与德国等十个国家的研究机构做出决定，在2002年秋天组成又一个大型国际研究组织（人类蛋白质组计划），预计用15年的时间来完成人体内多达30万的蛋白质机能的解析任务。这将成为继人类基因组计划之后，人类生命科学领域的又一个非常重大的举措。有关调查表明，仅在美国今后的5年内，与人体蛋白质组学相关的产业将会得到成倍的扩大，其产值有望从目前的5.6亿美元扩大到2005年的27.7亿美元。

人类基因组计划在2003年最终完成精确度达99.9%的人类基因图谱，作为纪念DNA双螺旋结构发现50周年的一份厚礼。这样人类会得到更加准确的基因总数目，揭开人类遗传的全部信息和疾病的根源，最终破译操纵着人类生、老、病、死的绝大多数遗传信息的人类基因组图谱，会对人类疾病的诊断、新药的研制和新医疗方法的探索带来一场史无前例的革命，对生命科学和生物技术的发展也将起到无可估量的推动作用。也许在不久的将来，基因技术不仅可以帮助人类寻找到人体致病的根源，也可以根据某个人的遗传信息制造出针对这个人的生化药物，甚至可以改变人体的DNA，在制造新生命的同时能够自由地选择下一代的性别，操纵他们的智商，设计他们的性格和某方面的运动能力。

利用基因技术，科学家可以开发转基因水果和蔬菜，将疫苗植入水果和蔬菜中，这些食品不仅营养丰富，而且还有保健功能，吃了这种水果和蔬菜就能起到对某种疾病的免疫作用，不再需要打防疫针，同时转基因技术还可以延长水果和蔬菜的保鲜期，提高它们的抗病能力。转基因技术应用于人体本身可以增加细胞的增殖能力，延长细胞的寿命，减缓人的衰老进程，使人益寿延年。

利用基因技术，可以用来消灭害虫。让基因改造后的苍蝇在与它的同类繁殖时就会将它携带的有毒基因传播给它们的下一代，使它们的后代因无药可解而死于非命，从而使整个种群断子绝孙彻底灭亡。利用这种技术，人类可以按照自己的意愿消灭各种各样的害虫，给人类带来极大的经济利益，营造更好的生活环境。

我国政府对人类基因研究非常重视。除了1999年正式参与国际人类基因组计划测序工作并承担了1%的测序任务外，早在1994年国家自然科学基金委员会就投入360万元正式实施了《中华民族基因组若干位点基因结构的研究》重大项目。为了保证我国能够在这一重大研究领域不断取得突破，在世界上占有一席之地，国家科技部在北京和上海分别建立了人类基因研究中心，每个中心投入的研究经费都高达上千万元人民币。中国科学院于1998年8月在遗传研究所建立了人类基因组研究中心暨北京华大基因组研究中心，不但高质量地完成了我国承担的国际人类基因组计划1%的基因图谱测序工作，还建成了我国最大的基因组及生物信息技术研究中心和生产基地。现在该中心正在开展与我国工农业发展和健康水平密切相关的基因组研究，如中国超级水稻基因组、家猪基因组、中华民族基因组多态性以及疾病相关多态性等十几项重要研究项目。2001年4月2日，我国自行研制的第一台峰值速度高达每秒4 032亿次的曙光3000型超级计算机落户于杭州华大基因研究中心，这为我国基因数据的分析和计算提供了强有力的手段，也表明了我国对人类基因技术的极大重视。

二、纳米科技在医学方面的应用

纳米技术将会给医学带来一场前所未有的革命，大幅度地提高人类健康水平，使人们真正能够达到延年益寿的目的。可以预见，纳米技术可望在以下几方面得到突破和应用是为期不远的事情。

1.在分子的水平上认识和理解病变的机理

在已完成的人类基因序列图谱草图绘制的基础上,人类对人体本身的认识可望达到分子级的水平,并能在细胞的分子结构和分子的基因水平上认识和理解病变的机理,为根治疾病提供理论基础。

2.大幅度地提高医学诊断和疾病检测的精度

现在常用的人体诊断检测仪器是CT(计算机断层造影术)和核磁共振术,它的分辨率是在毫米级。正在研究的被称为"分子雷达"的光学相干层析术(OCT)的分辨率可达1微米,比CT和核磁共振术的精密度要高出上千倍,并能以每秒2 000次的速度快速地完成生物体内细胞的动态成像,可以实施观察活细胞的动态过程和变化,即使是单个细胞出现的病变也可以准确地检测出来。当这种新仪器在临床应用后,就能够及早发现细胞的病变从而把疾病"扼杀在萌芽状态中",不会像现在那样等到生命垂危时才被CT或核磁共振检查出癌症的病变。不久的将来,人类癌症的早期诊断和及时得到有效的治疗就会变成现实。

应用纳米技术,可以研制适用于不同的诊断和检测目的,能够直接插入人体不同部位活细胞内的微型探测器。由于微型探测器及其传感器很小,插入活细胞内部都不会干扰细胞的正常生理过程,但却能够获取活细胞内反映其功能状态的动态信息,为临床疾病的诊断和治疗提供客观依据。

未来的医学检验也可以采用医学生物芯片来进行,医学生物芯片对极少量血液中的蛋白质和DNA进行分析后,就可以迅速的诊断出各种疾病。

3.纳米医用机器人和完全可控的体内显微手术

研制能够在血液和细胞中工作的纳米医用机器人。这种机器人极其微小能够在血管中游走,可以用来捕捉和移动单个细胞,也可用来清除血管壁上、心脏动脉上的脂肪沉积物,大大减少或根除心血管疾病的发病率。医用机器人还可以在人体组织的间隙里清除病毒细菌或癌细胞,像传统的外科手术一样修复心脏、大脑和其他器官等。除此之外,利用纳米医用机器人在人体内行走自如的能力,可进行定位给药,把药直接送到需要部位,也可在人体内实施显微注射将药直接注射到产生病变的细胞内,达到最快最好的疗效。同时,纳米医用机器人还可以对人体进行定期的健康检查。

有人预测,在10~20年后第一个牙科用纳米机器人将被制造出来。这个纳米机器人可以精确地控制牙痛，并在一次门诊中就实现用组织培养的整体牙进行换牙治疗，或者在纳米尺度上迅速精确地实现牙组织的修复。这就意味着临床上可能通过使用牙科机器人，使修复或更换的牙组织与自然生长的一样，或实现永久的脱敏，或在一次门诊中就完成正牙治疗，或通过共价结合镶上宝石般的珐琅质，或长久的保持口腔卫生。

4.研制出可以攻克和杀死任何肿瘤细胞和病毒的特效药物

随着人类基因组计划的成功实施，不断破译人类基因的遗传语言，搞清楚基因机构与功能之间的内在关系，从而明确生命起源和进化的过程以及细胞的发育、生长与分化的分子机理，最终找出人类各种疾病发生的真正原因。在不断揭示人类疾病原因的基础上，应用纳米技术，将研制出各种特效药物，直接杀死任何肿瘤癌细胞和病毒，完全修复受损的人体细胞组织。

应用纳米技术，将药物颗粒达到比细菌小得多的纳米级（25纳米），完全可以进入细菌内与他们的酶直接结合，将细菌直接杀死。因为细菌没有时间也不可能去改变基因来适应它，从而也就不会产生耐药性。而且，这种药物完全可以透过皮肤、血管，效果明显，对深层感染也有效。安信纳米公司推出的"光谱速效纳米抗菌颗粒"，由于它无毒、无味、无刺激性、无过敏反应，速效、长效，已通过中国科学院、中国医学科学院等多家权威机构检测，进入规模化生产阶段，在数十家大医院临床应用。

5.纳米载体药物

药物制剂的给药途径与方法对药物的作用至关重要。口服给药要受到两种首过效应的影响，即胃肠道上皮细胞中酶系的降解、代谢及肝中各酶系的生物代谢。许多药物很大一部分因首过效应而代谢失效，如多肽、蛋白类药物、β-受体阻滞剂等。为了提高药物的利用率和疗效以及降低药物的副作用，最理想的方法就是向病灶定向、定量、定时给药，纳米药物载体的研究就能有效地解决这些问题。

纳米药物载体主要有纳米磁性颗粒、高分子纳米药物载体、纳米脂质体、纳米智能药物载体等。

张德阳等人开展了磁性纳米颗粒治疗肝癌的研究，研究内容包括磁性阿霉素白蛋白纳米粒在正常肝的磁靶向性、在大鼠体内的分布及对大鼠移植性肝癌的治疗效果等。结果表明，磁性阿霉素白蛋白纳米粒具有高效磁靶向性，在大鼠移植性肝肿瘤中的聚集明显增加，而且对移植性肿瘤有很好的疗效。向娟娟等人采用葡聚糖包覆的氧化铁纳米颗粒作为基因载体，发现其表现出与DNA的结合力和抵抗DNA的SE消化。

目前恶性肿瘤诊断与治疗研究和发明中超过60%的药物或基因片段采用可降解性高分子生物材料作为载体，如聚乙烯醇（PVA）、聚己内酰胺（PCL）、聚甲基丙烯酸甲酯（PMMA）、聚苯乙烯（PS）、纤维素、纤维素-聚乙烯、聚羟基丙酸酯、明胶以及它们之间的共聚物和生物性高分子物质，如蛋白质、磷脂、糖蛋白、脂质体、胶原蛋白等，利用他们的亲和力与基因片断和药物结合形成生物性高分子纳米颗粒，在结合上含有RGD定向识别器，靶向性与目标细胞表面的整合子结合后将药物送进肿瘤细胞，达到杀死肿瘤细胞或使肿瘤细胞发生基因转染的目的。纳米高分子药物载体还可以通过对疫苗的包裹提高疫苗吸附和延长疫苗的作用时间，另一个重要作用是用于基因的输送，进行细胞的转染等。

用纳米脂质体胶囊作为药物载体具有以下优点：①由磷脂双分子层包覆水相囊泡构成，生物相容性好；②对所在药物有广泛的重应性，水溶性药物载入内水相，脂溶性药物溶于脂膜内，两亲性药物可插于脂膜上，而且同一个脂质体中可同时包载亲水和疏水性药物；磷脂本身是细胞膜成分，因此纳米脂质体植入体内无毒，生物利用度高，不会引起免疫反应；保护所载药物，防止体液对药物的稀释和被体内酶的分解破坏。

纳米智能药物就是在靶向给药基础上，设计合成缓释药包膜，以纳米技术制备纳米药物粒子，结合靶向给药和智能释药优点用纳米技术完成制备智能纳米缓释药的目的，即除定点给药之外，还能根据用药环境的变化，自我调整对环境进行自动释药——生物利用率高，毒副作用小，药物释放半衰期适当，不仅可提高药品安全性、有效性、可靠性和患者的顺从性，还可解决其他制剂给药可能遇到的问题。用数层纳米粒子包裹的智能药物进入人体后可主动搜索并攻击癌细胞或修补损伤组织。

智能纳米药物载体包括纳米磁粒子、纳米高分子和纳米脂质体。制备纳米智能药物载体就是通过对纳米药物载体的结构设计、合成，制备出具有智能释药能力的纳米药物载体。

6. 基因治疗

国际人类基因组计划的成功实施和超过预想的研究进度，使得人类对自己的遗传机理有了更加清楚的认识，对基因和疾病之间的关系有了更深层次的了解。因此，直接根据基因的变化，从根本上治疗人类疾病的"基因治疗"方法得到了飞速的发展，成为众多科学家追逐的研究方向，是具有广阔前景的医疗应用技术。与此相关的生物和医学研究机构及其相应的产业部门都把"基因治疗"视为开发生命科学、生物技术、医疗手段、试剂与药物等方面极具潜力和商机的非常重要的领域。仅到1998年，全世界就有22个国家和地区批准实施了近240个"基因治疗"的临床实验计划，其中我国有2个实验计划，近3 000位病人接受着这种治疗。目前，正在进行的"基因治疗"实验研究计划难以数计。

对基因治疗来说，其实质就是用人工合成的方法，根据基因的标准样本，制造出一个目的基因，供治疗使用。所以，基因治疗的主要目标就是用"好"基因去取代"有毛病"的基因，纠正人体基因的缺陷，达到治疗的目的。要真正实施基因治疗必须解决三大关键技术，其一是人工合成在基因治疗中所需要的"好"基因，其二是研制出能将人工合成的"好"基因送到人体内的运载工具，其三是寻找到人体内能够接受"好"基因的细胞。只有上述三大关键技术有了突破，真正解决，才能使基因治疗的效果更好，治愈率更高，更加安全可靠。1991年12月复旦大学遗传研究所薛京伦教授成功地完成了我国首例基因治疗后，正朝着临床的方向发展。很快我们也可以享受到基因治疗所带来的福音，不治之症（癌症、艾滋病）的患者将会看到新的生命曙光。

最近，清华大学材料系崔福斋教授历时6年多研制成功"NB系列纳米晶体胶原基骨材料"（简称纳米人工骨）。它与原有传统人工骨材料的最大区别在于修复后的骨头与人体骨完全一样，不会在体内留下植入物。它仿照人类骨头生成的机理，采用自组装法制备纳米羟基磷灰石/胶原复合的生物硬组织修复材料，使复合材料的微结构具有天然骨分级结构和天然骨的多孔结构。该项技术已经进入临床使用阶段。

7. 纳米技术在克隆技术中的应用

目前，科学家们已经不再为能克隆出某种动物而激动，而是将研究重点放在了克隆成功率低下原因的探讨以及如何提高成功率等方面。克隆技术主要包括供体母细胞和受体细胞的选择（转基因动物的克隆还包括外源基因的选择和重组）、供体细胞核的分离和时期的选择、受体细胞的去核、核卵融合、胚胎的形成和种植、胚胎在母体动物体内的发育、克隆动物的生产等。如果在这些过程中应用纳米技术，也许能够解决很多用生物学、物理和化学等传统方法无法解决的问题。

纳米技术在克隆技术中的应用，首先使用纳米技术进行克隆过程中的具体操作，即用扫描隧道显微镜（STM）、原子力显微镜（AFM）和近场光学显微镜（NSOM）等技术进行去核、种植等操作；其次是应用纳米机器人对整个胚胎的种植和发育过程进行监测。

三、生物计算机

（一）生物计算机的研究目的和国外进展

1. 研究目的

纳米生物学的另一个重要研究领域是生物计算机。生物计算机的主要研究目的是寻找或制造一些特定的生物分子，这些生物分子能够更加快速地完成计算机的基本的计算和储存功能，用来代替目前的半导体计算机中央处理器（CPU）和存储器。已有研究表明，以蛋白质分子材料制造的生物计算机，不但体积小、质量轻、耗能少、环境适应性强，而且运算速度和信息储存能力均比现有的计算机高出数亿倍。

2. 国外进展

当前，美国、日本和俄罗斯等国已在生物计算机的原型器件及其系统研究方面进行了大量的工作，取得了很大的进展。美国和俄罗斯研制的细菌式紫红蛋白质计算机处理器，就具有非常独特的热、光、化学特性和良好的稳定性。它的奇特的光学循环特性就可以用于信息的储存，估计有望代替当今计算机的信息处理和存储。有人预计美国在3~5年内就能大批量生产这种计算机。因为生物计算机所用的材料可以通过基因技术改造后的细菌大量生产，所以生物计算机的造价要比半导体计算机的造价低得多。

（二）生物计算机的特点

生物计算机的特点集中在生物芯片上，因此它具有如下主要特点：

（1）强大的记忆功能 由于生物芯片的一个存储点只有一个分子的大小，所以生物芯片具有超高密度，记忆功能十分强大。有资料称，生物计算机的记忆能力将是传统计算机的上亿倍。

（2）运算速度快 由于生物芯片以波的形式传播信息，具有快速处理信息的能力，所以生物计算机的运算速度相当快。有报道说，它将是现行传统计算机运算速度的10万倍，这为计算机的智能化提供了可行性。

（3）能耗低 因为一个蛋白质分子就可作为一个存储体，蛋白质分子比硅芯片上的电子元件小得多，而且阻抗很低，电路间无信号干扰，故能耗很小，能较好地解决散热问题。有资料显示，生物计算机的能耗仅相当于普通计算机的1/10。这就可摆脱传统半导体芯片散热难的困扰，从而克服了长期以来硅集成电路制作工艺复杂、能耗大等弊端。

（4）具有自愈特性 生物芯片是有机物，能发挥生物本身的调节机能，自动修复芯片发生的故障，因而将成为一种半永久性的器件，所以生物计算机便具有自愈特性。蛋白质分子还能自我组合再生新的微型电路，表现出很强的"活性"。

（5）具有模仿人脑的思考机制 因为生物芯片具有生物活性，因而可与人体的组织有机地结合在一起，特别是能够与大脑的神经系统相连，使人的有机体与生物芯片器件的接口自然吻合。这样，生物计算机就可直接受人脑的指挥，成为人脑的辅助装置或扩充部分，并能由人体细胞吸收营养补充能量，不需外接能源，这不仅节约了能源，而且方便。专家设想生物计算机将有可能给盲人带来巨大便利。只要把一块有机芯片放入盲人眼中，沟通脑神经细胞与视网膜上两种感光细胞之间的联系就能使盲人重见光明。

（6）具有较高的人工智能 它能如同人那样进行思维、推理，能认识文字、图形，能理解人的语言，因而可以在通信设备、卫星导航、工业控制等领域发挥其重要作用。

（7）具有超高密度 这是因为蛋白质分子比硅芯片的电子元件小得多，其直径大约是20纳米，所以用它做成的芯片每平方毫米就可以装上10亿个门电路。如果把这些生物分子相互重叠连接，就可以得到每立方毫米含有上百亿个门电路的立体生物芯片。

（三）生物分子计算机的基本原理

1.分子生物学原理

作为遗传物质的DNA携带了大量的遗传信息。DNA分子由4种带不同碱基的单核苷酸构成：A（腺嘌呤）、G（鸟嘌呤）、T（胸腺嘧啶）、C（胞嘧啶）。在RNA分子中，T由U（尿嘧啶）代替。这4种核苷酸由3'-5'磷酸二酯键连接形成单核酸链，链的两端分别称为3'末端和5'末端。DNA双链分子由两条反向平行的单链根据Watson-Crick碱基互补配对规则构成，即A与T、G与C形成链间氢键。

分子计算机一般是利用核酸分子DNA或RNA的分子特性和生化反应来实现计算的。例如，在某个具体问题的生物分子计算过程中，先依靠聚合酶合成能反映特殊编码方案的DNA分子，然后利用核酸分子互补配对的性质和连接反应生成代表问题所有可能解的分子，再采用限制酶破坏非答案分子，并借助聚合酶链式反应和电泳技术排除错误答案，最后获得正确答案。生物分子计算中用到的典型生化反应包括连接、加热变性与退火、杂交、酶促反应等。

2.生物分子计算机用到的典型生化反应

（1）连接反映其功能是将两段DNA分子连接成一个双链DNA分子，在分子计算中一般用于生成组合数据解集。在DNA连接酶（Ligase）的作用下，使DNA分子切口（Nick）处的相邻核苷酸的3'羟基和5'磷酸生成磷酸二酯键，从而弥合切口。该反应只有在相邻核苷酸各自的碱基处于配对状态时，连接酶才起作用。

（2）加热变性和退火加热变性和退火是核酸分子的重要反应特性，在生物分子计算中起到控制计算过程和连接前后计算步骤的作用，如扩增DNA双链分子前先要用热变性得到单链分子。核酸的变性是指核酸双螺旋区的氢键断裂，变成单链。由温度升高而引起的变性称为热变性。将热变性的DNA缓慢冷却时，两条彼此分开的单链又可重新缔合，成为双螺旋结构，这个过程称为复性或退火。

（3）核酸的杂交反应该反应发生在DNA单链复性时，若两条单链分子间在某些区域有互补的序列，则复性时会形成杂交DNA双链分子。DNA分子与互补的RNA分子之间也可发生杂交。杂交反应几乎贯穿于生物分子计算的整个过程。

3.在DNA分子计算中常用的酶

在DNA分子计算中常用的酶有连接酶、限制性内切酶（restriction endonuclease）核酸外切酶（exonuclease）、聚合酶（polymerase），也有的计算方法中用到DNA的修复和修饰酶系统。核酸内切酶和外切酶常用于从可能答案集中筛选编码了计算结果的DNA分子。限制性内切酶具有极高的专一性，它能识别双链DNA上特定的酶切位点，将两条链都切断，形成尖末端或平末端。

另一个重要的酶促反应是聚合酶链式反应（polymerase chain reaction，PCR）。该反应能从DNA分子中选择性地复制一段特定序列。该反应需要这段序列的两端结合小段互补的寡聚核苷酸作引物，在聚合酶的作用下以单链核酸为模板复制生成互补链。PCR常用于DNA计算中DNA分子链的扩增。

四、生物分子计算的基本思想

1.生物分子计算的基本思想

生物分子计算一般是先产生代表问题所有可能解的答案分子，然后通过生化反应和电泳等分离技术逐步排除错误答案，最后得到正确答案。生物分子计算一般可概括为三个基本步骤：

（1）分析要解决的问题，采用特定的编码方式，将该问题反映到DNA链上，并根据需要合成DNA链。

（2）根据碱基互补配对的原则进行DNA链的杂交，由杂交或连接反应执行核心处理过程。

（3）得到的产物即为含有答案的DNA分子混合物，用提取法或破坏法得到产物DNA。

如果待计算的问题比较复杂，经一轮的核心处理和提取分析只能得到中间结果，可重复（2）、（3）直到得到满意的结果为止。

生物分子计算可应用于解决哈密顿路径问题（Hamiltonian Path Problem）、最大集合问题（Maxiamal Clique Problem）、满意问题（SAT Satisfiability）和矩阵乘法等问题的解答。

1994年，Adleman用DNA计算方法解决了Hamiltonian路径问题，这一实验揭示了用分子生物学技术在分子水平上进行计算的可能性，成果令人振奋。1995年4月初，全球计算机科学、分子生物学等相关学科的科学家汇聚于普林斯顿大学，举行了DNA计算技术用于制造生物分子计算机的全球性会议。与会专家认为，DNA分子计算技术的应用潜力非常巨大。

2.生物分子计算的基本方法

在分子计算中，对于待解决的问题，一般要先产生尽量多的可能解，所以快速产生问题的所有可能解是非常重要的。在分子计算中。一般利用POA技术（Parallel Overlap Assembly）建立待计算问题的数据集。POA技术的DNA分子编码原理如下图所示。

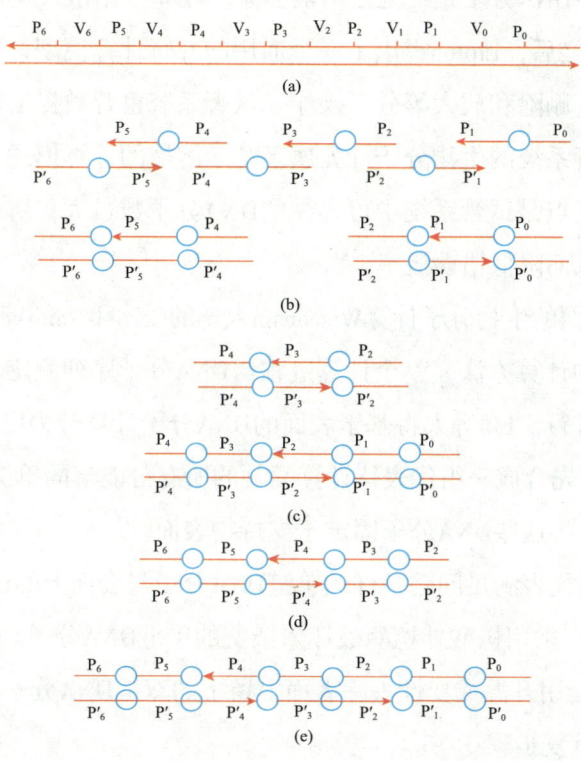

POA技术的DNA分子编码原理

待合成的DNA分子如图（a）所示，其中段代表值序列，数据集中不同的DNA分子的Vi碱基序列可不同，从而构成所有可能解。Pi段是分隔Vi的位置序列，数据集中所有DNA分子均有相同的位置序列。POA技术开始先合成如图（b）所示的寡聚核苷酸链，每一段均有两个位置主题P和一个值主题V。i为偶数时，序列为$P_iV_iP_{i+1}$；i为奇数时，序列为$P'_{i-1}V'_iP'_i$（表示$P_iV_iP_{i-1}$的碱基互补序列）。接着将这些寡聚核苷酸片断混合，进入热循环。

在每一轮循环中，互补的碱基序列在聚合酶的作用下都会生成更长的DNA双链分子，如图（c）和图（d）所示。经过几轮循环后，就生成了代表可能解的完整DNA分子，从而构成了所有可能解的数据集，如图（e）所示。该反应是在多个核酸片断上同时进行的，充分体现了分子计算的并行优势。

3.生物分子计算的实现途径

（1）基于溶液反应的生物分子计算 Aldeman的DNA计算实验是在试管中进行的，即计算过程中DNA分子始终处于溶液体系，是基于溶液反应的生物分子计算的典型。继Aldeman之后，Lipton提出了一个通用的并行计算模型，该模型在试管中应用了提取、合并、删除和放大等分子操作。试管系统也曾被提出作为DNA计算机系统。这些使用试管系统的生物分子计算属于基于溶液的计算模式。采用溶液模式的DNA分子计算的优点是试管系统中可容纳的DNA分子数量大，所以允许大量DNA分子复制参与计算从而降低错误概率。

（2）基于表面的生物分子计算 Wisconsin大学的Corn和Smith等人提出将DNA分子固定于固体表面的计算方法，整个计算过程与DNA分子序列测定均在支持物（如镀金玻璃）的表面进行。Liu等人将基于表面的DNA分子计算分为以下6个主要步骤。

①MAKE：首先合成一组代表待计算问题的所有可能解的单链DNA分子。

②ATTACH：将这些DNA分子固定于支持物表面。

③MARK：将代表满足问题条件的单链DNA分子与表面上的DNA分子杂交。

④DESTROY：采用核酸外切酶破坏未杂交的单链DNA分子。

⑤UNMARK：用升温或变性去除表面上留下的双链DNA分子的互补链；如还有条件未实现，则重复步骤③~⑤。

⑥READOUT：将表面上留下的代表正确结果的DNA分子用PCR扩增，再进行序列分析。

与溶液方法比较，表面分子计算有如下优点：样品处理方便；可降低样品处理中的损失；降低寡聚核苷酸的相互影响；固相表面为每一步的DNA分子提纯提供了方便。他们认为，DNA分子计算只有采用固相方法才能被实际地应用。但基于表面的计算是在二维空间中进行的，表面可容纳的信息量小。

Smith等还对DNA分子的信息编码形式对计算的作用做了研究，如单碱基编码、利用单词（WORD）的编码形式。研究表明，采用单词编码形式可提高长链核酸分子的杂交分辨率和效率。在基于表面的DNA分子计算中，对表示结果的DNA分子的序列分析步骤（READOUT）除可用传统的电泳方法测序外，也可采用与特定单词编址阵列（Sound-specific AddressedArray）杂交的方法。对于DESTROY步骤，也可采用限制性内切酶。

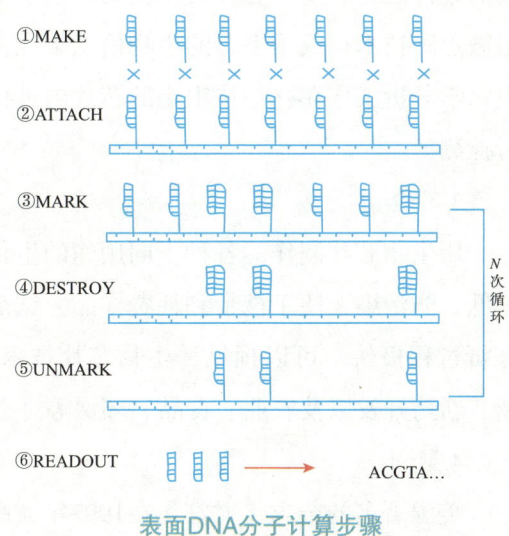

表面DNA分子计算步骤

五、生物芯片技术

（一）概述

1.意义

随着现代生物学和现代医学的突飞猛进，以及人类基因组计划的实施及其相关学科的发展，不仅使人类基因组序列完成了初步测定，而且越来越多的动植物、微生物以及病毒、细菌的基因组序列也得以测定，因此基因组数据正在以前所未有的速度迅速增长。面对庞大的数据，如何研究分析如此众多的基因在生命过程中所担负的功能，自然成为生命科学研究领域中的重要内容。为此，生物芯片（Biochip）技术（一项计算机芯片制造技术与生命科学研究相结合的新兴技术）在20世纪90年代初期就应运而生了。生物芯片技术是随着人类基因组计划的实施而诞生发展起来的。它是基因生物学与微米/纳米技术相结合的产物，也是解开基因之谜的有效手段，同时也将给生命科学和医学带来一场革命。

2.本质

大家都知道，传统的计算机芯片的工作本质是对0和1这两个二进制数字进行高速的各种运算。生物芯片的本质是借助于生化反应进行生物信息的快速平行分析。用微点阵技术把成千上万的生物信息集成在一块很小的芯片上，就能使一些传统的生物学分析工作在这一块很小的芯片内进行，迅速地对基因、抗原和活体细胞等分析检测。

3.用途

用生物芯片制作的各种不同用途的生化分析仪器不仅具有体积小、重量轻、成本低、防污染、便于携带和耗费样品、试剂少等优点，而且分析过程全部自动化，分析过程极快。可以预见，生物芯片技术将会在生物学和医学基础研究、疾病诊断、新药开发以及农业、食品、环保等许多重要领域得到广泛的运用。

4.影响

美国著名的杂志《财富》在1997年就高度评价生物芯片技术，"在20世纪科技史上有两件事影响深远。一件是微电子芯片，它是计算机和电子仪器的心脏，它使我们的经济结构发生了翻天覆地的变化，给人类带来了巨大的财富，改变了我们的生活；另一件是生物芯片，它将改变生命科学和医学的研究方式，革新医学诊断和治疗，极大地提高人口素质和健康水平，从而改变整个世界的面貌。"正是因为生物芯片技术对人类的未来产生如此重要的影响，1998年美国科学促进会（AAAS）将生物芯片评为当年的世界十大科技突破之一。

（二）生物芯片技术的主要内容

生物芯片技术通常包括基因芯片、蛋白质芯片以及芯片实验室三大部分。

1.基因芯片

基因芯片（Genechip）又称DNA芯片（DNAchip），是生物芯片中最基础的，研究开发最早最为成熟也是应用最广的生物芯片。基因芯片像计算机芯片一样能够存储大量的信息，只是基因芯片中传递信息的信使是DNA分子。基因芯片是由基因探针构成的，每个基因探针是一段人工合成的碱基序列。当在探针上接有被检测的物质后，根据碱基互补原理就可以识别被测物质的特定基因。当前，世界各国已经开发出很多种基因芯片，像检测HIV（艾滋病）基因和肿瘤基因的芯片，以及研究药物新陈代谢时基因变化的细胞色素芯片等都已应用于临床。

2.蛋白质芯片

蛋白质芯片与基因芯片的原理基本相同，但是，蛋白质芯片利用的不是基因的碱基对而是抗体与抗原结合的特异性，亦即免疫反应来实现蛋白质的检测。因为蛋白质芯片是以蛋白质为检测对象的，这就更接近生命活动的物质层面。

3.芯片实验室

芯片实验室是基因芯片技术和蛋白质芯片技术的进一步完善和向整个生化系统领域拓展的结果。芯片实验室是一个高度集成化的生物分析系统，集样品制备、基因扩增、核酸标记与检测等功能为一体，将生化分析的全部过程集成在一个芯片上完成。美国普杜大学开发的一种芯片实验室技术，将生化实验室的专用仪器微缩在一片芯片上，其大小不到常规仪器的千分之一。这项成果使得在一块小小的硅片上堆积几十个甚至几百个生化"实验室"，每个"实验室"都能进行复杂的生化检测和分析。芯片实验室的应用可以大大减少研究和分析费用，大大提高效率。

（三）发展情况

自从1991年首次提出DNA生物芯片的概念后，迅速成为各国生物技术领域的一个重要热点。开展这方面研究较多的国家有美国、中国、法国、俄罗斯、以色列、英国、墨西哥、印度等国家。2001年全世界生物芯片的市场达170亿美元，运用生物芯片技术的市场每年约1 800亿美元。

我国生物芯片研究工作始于1998年，主要集中在军事医学科学院、清华大学、北京大学、复旦大学、东南大学和中国科学院，在基因芯片、蛋白质芯片和芯片实验室的研制和开发上已经取得了很多突破性的进展。在人体肿瘤诊断、基因图谱表达、转基因农产品检测、新孕儿缺陷监测、乙肝与丙肝病毒检测、艾滋病毒检测等都已在临床广泛应用。清华大学生物芯片研究开发中心程京教授研制出世界上第一个1平方厘米大小的多力生物平台系统，利用它可以在指甲大小的芯片上建立微缩的芯片实验室。

据光明日报2003年6月6日报道，我国军队和地方科研单位与高科技企业合作，在SARS病毒检测技术研究方面取得多项成果，生物芯片花开三朵。军事医学科学院放射医学研究所王升启研究员带领课题组，与深圳益生堂生物企业有限公司合作，经过近2个月的攻关，研制成功能更准确检测非典型性肺炎的"SARS病毒多抗体检测蛋白芯片"。这种检测芯片可同时对SARS病毒5种抗原的抗体进行检测，并可同时检测IgG和IgM两类抗体，每种抗体可同时重复检测4次，不仅使诊断结果更加准确，而且具有取样微量、稳定性好、灵敏度高、平行检测、结构可量化显示等特点。上海生命科学研究院生化与细胞所，利用该院获得的SARS病毒5种主要结构蛋白质，与上海数康生物科技有限公司合作，也开发出成功检测SARS病毒抗体的蛋白质芯片。该蛋白质芯片检测系统，包括N蛋白、E蛋白、M蛋白、3CL蛋白等SARS病毒抗原以及相应的配套对照蛋白。北京出入境检验检疫局、本元正阳基因技术股份有限公司和国家质检总局动植物检疫实验所联合课题组，在国家质检总局的领导和科技部有关部门大力支持下，连续奋战，研制出冠状病毒全基因生物组芯片，并开发出一整套检测系统，在国内率先建立起"SARS冠状病毒全基因组芯片"检测方法。该基因组芯片覆盖了基因组的全部系列，能够灵敏准确的检出SARS病毒，同时全面监测病毒全基因组变化。

生物芯片技术是一项综合性的高新技术，它与生物、化学、医学、光学、精密加工、微电子技术、信息技术等多种科学技术领域紧密相关，是一个学科交叉性很强、应用范围很广的新兴学科。随着纳米技术的发展和应用的广泛扩大，人们会研制出纳米尺度的生物芯片。当然，纳米生物芯片的制作会对芯片技术提出更高的要求，因为随着尺度的减小，芯片的集成变增大，芯片内反应物的量减少，芯片产生的信号就变得更加微弱，对信号检测器的精度要求自然就更加高了。

第三节　其他领域应用

一、纳米塑料

所谓"纳米塑料"，是指无机填充物以纳米尺寸分散在有机聚合物基体中形成的有机/无机纳米复合材料。在复合材料中，分散相的尺寸至少在一维方向上小于100纳米。由于分散相的纳米尺寸效应、大的比表面面积和强界面结合，使纳米塑料具有一般工程塑料所不具备的优异性能。因此，纳米塑料是一种全新的高技术新材料，具有极为广阔的应用前景和商业开发价值，"纳米塑料"已成为纳米技术最早实现产业化的技术之一。

（一）纳米塑料的制备方法

1.插层复合法

层状无机物（如黏土、云母、五氧化二钒、三氧化二锰层状金属盐类等）在一定驱动力作用下能碎裂成纳米尺寸的结构微区，其片层间距一般为纳米级，可容纳单体和聚合物分子。插层复合法就是采用层状无机物作为主体，有机单体作为客体插入无机物夹层间进行原位聚合或聚合物直接插进夹层间形成复合物。根据插层形式不同又可分为以下几种：

（1）插层聚合。单体先嵌入片层中，再在热、光、引发剂等作用下聚合。例如将黏土与己内酰胺熔融混合，在引发剂作用下制得黏土/尼龙（PA）嵌入复合材料；将苯胺、吡咯、噻吩、呋喃等单体嵌入无机片层，再化学氧化或电化学聚合，制得导电性复合材料。

（2）溶液或乳液插层。通过溶液或乳液将聚合物单体嵌入片层中。例如通过丁苯橡胶甲苯溶液和丁苯胶乳分别与黏土共混制备黏土/丁苯橡胶纳米复合材料。但该方法的关键是寻找合适的单体和相容的聚合物粘土矿溶剂体系。

（3）熔融插层。将聚合物熔融嵌入片层中。如将烷基铵蒙脱石与聚苯乙烯（PS）粉末混合，压成球团，在高于PS的玻璃化温度下加热球团，可制得纳米黏土/聚苯乙烯。该法不需溶剂，适合大多数聚合物。

通过插层复合法制成的纳米塑料包括层间插入复合型（intercalated hybrids）和层离复合型（delaminated hybrids）两种结构类型。在层间插入结构中，有机单体插入无机物夹层间原位聚合或聚合物直接插入，仅导致无机物层间距增大，聚合物链以某一特定的构象伸展在夹层间。聚环氧乙烷（PEO）/蒙脱土纳米复合体系等许多插层复合体系均属于这种结构。用X射线衍射对熔体插层制备的PEO/蒙脱土塑料测试发现，当PEO的质量分数约为30%时，复合材料中蒙脱土夹层的层间距由原来的0.96纳米增大到1.77纳米，增加了0.81纳米。这可能是PEO单分子插入蒙脱土的层间所致，也可认为是由于聚合物链以单分子层螺旋形构象或双分子层锯齿形构象平行地置于蒙脱土的夹层间的基面上所致。而在层离结构中，则是有机单体在受限空间原位聚合或聚合物直接嵌入导致蒙脱土层崩塌剥离成单层，使蒙脱土以约1纳米厚的片层分散于连续相的聚合物基质中，形成更加均一的纳米塑料）。熔体插层制备的尼龙6/蒙脱土复合体系属于这种结构。X射线衍射测试显示，在复合材料中蒙脱土的质量分数小于10%时，蒙脱土衍射峰由熔体插层前的5.7°大大减小，接近消失，说明蒙脱土已被撑开，解离成纳米片层而无规分散。高分辨透射电镜观测也清楚地显示出蒙脱土已剥离成十几纳米的片层，均匀分散于尼龙6基质中。

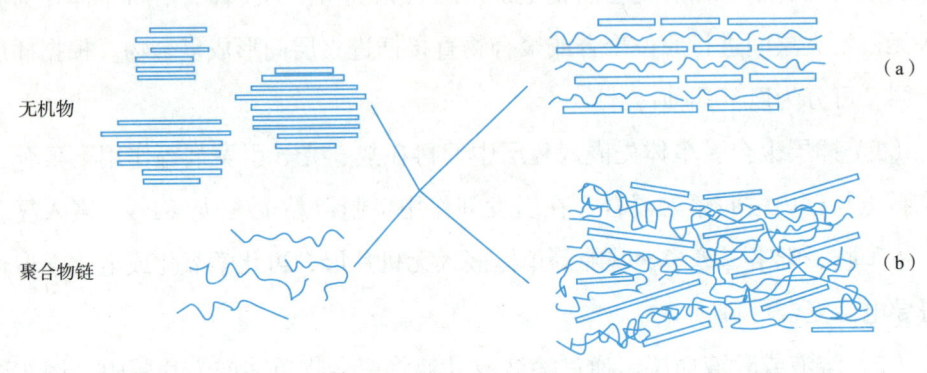

a）层间插入复合型　b）层离复合型
插层纳米复合物结构示意图

插层法工艺简单，原料来源丰富、价廉。片层无机物只是一维方向上处于纳米级，粒子不易团聚，分散也较容易。该方法的关键是对片层物插层的处理。由于纳米粒子的片层结构在复合材料中高度有序，复合材料有很好的阻隔性和各向异性。

2.溶胶-凝胶法

溶胶-凝胶技术是在聚合物存在的前提下，在共溶体系中使前驱物水解得到溶胶，进而凝胶化，干燥制成纳米材料。溶胶-凝胶过程制备的纳米塑料的结构较为复杂，主要有如下四种结构形式：

（1）有机相包埋在无机网络中用有机酸作共溶剂，将聚乙烯基吡啶和硅酸乙酯水溶液一起溶解于共溶剂中，经溶胶-凝胶过程可制得具有优良光学透明的无机纳米塑料。该材料具有机聚合物均匀地包埋在三维SiO_2网络中的结构特征。

（2）无机相包埋在有机网络中用含有γ-缩水甘油丙基醚三甲氧基硅烷的水解物、苯乙烯、马来酸酐和少量引发剂的混合物经溶胶-凝胶过程制成浅黄色透明的无机纳米塑料，模量比纯共聚物明显增大，玻璃化温度显著升高，无机相以约2nm的尺寸均匀地分散于有机聚合物基体中。

（3）有机相-无机相互穿网络结构采用环氧化合物液相开环易位聚合进行有机聚合反应，将可聚合单体、Si（OR）4（甲酯或乙酯）和催化剂在共溶剂中混合。可聚合单体开环易位聚合反应和Si（OR）4的水解缩合同步进行，形成互穿网络结构。电镜测定表明，与无机相中用预先形成的聚合物组合而得到的复合物相比，形成互穿网络结构的塑料具有更好的均一性和更小的尺寸。

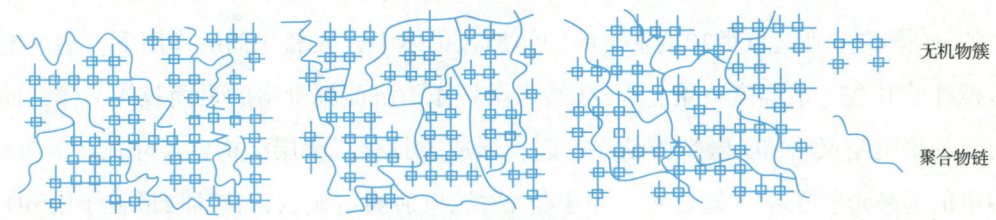

a）有机相包埋有无机网络中　b）无机b相包埋在有机网络中　c）c有机相-无机相互穿网络结构

溶胶-凝胶法制备的纳米塑料的结构

（4）共价键交联的结构采用在有机聚合物的侧基或末端引入像三甲氧基硅基一类的基团作前驱物，当含有三烷基硅基的聚合物进行溶胶-凝胶反应时，由于C—Si键不会断裂，也不影响R—O—Si键的水解，待溶胶-凝胶反应完成后，聚合物通过悬挂的C—i键与无机相互相交联，均匀分散在无机相中。用两个末端带三乙氧基硅基的聚环氧乙烷作前驱物，溶解于乙醇中，用NH_4F作催化剂经溶胶-凝胶过程制得均一透明的纳米塑料。测定表明，其有机相和无机相之间是通过化学键连接的。

用溶胶-凝胶法合成纳米塑料的特点是：无机、有机分子混合均匀，可精密控制产物材料的成分，工艺过程温度低，材料纯度高，高度透明，有机相与无机相可以分子间作用力、共价键结合，甚至因聚合物交联而形成互穿网络。缺点在于：因溶剂挥发，常使材料收缩而易脆裂；前驱物价格昂贵且有毒；无机组分局限于SiO_2和TiO_2；因找不到合适的共溶剂，制备PS、PE、PP等常见品种的纳米塑料困难。

3.直接分散法

该技术是制备纳米复合材料最简单的技术，适合各种形态的纳米粒子。为防止粒子团聚，共混前要对纳米粒子表面进行处理。目前采用的表面处理方法有表面覆盖改性、局部活性改性、外膜层改性、机械化学改性等。就共混方式而言，又有溶液共混法、乳液共混法、熔融共混、机械共混等。共混技术将纳米粒子与材料的合成分步进行，可控制粒子形态、尺寸。其难点是粒子的分散问题，控制粒子微区相尺寸及尺寸分布是其成败的关键。在共混时，除采用分散剂、偶联剂、表面功能改性剂等综合处理外，还应采用超声波辅助分散，方可达到均匀分散之目的。

将SO_2在聚吡咯中分散制得的SO_2纳米聚吡咯塑料属于这种结构。制备时是将分散的SO_2微粒（典型粒径20纳米）的胶体加入单体中，在氧化剂的作用下，通过电磁搅拌使其在一定温度下聚合。SO_2纳米微粒作为沉淀聚吡咯的表面胶体基体，而沉淀的聚吡咯又将SiO_2微粒胶粘在一起，形成了具有层叠层结构、尺寸在100~300纳米的荔枝形粒子纳米复合物。用小角X射线衍射测定显示，在荔枝形粒子中SiO_2与SO_2之间的距离约为4纳米。制成的聚吡咯/SO_2具有导电性能。这类纳米塑料多数均属于多孔性的，可作为色谱中固定相的载体。

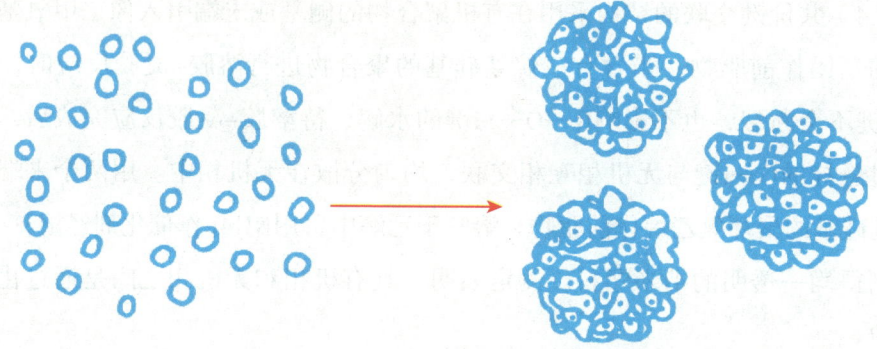

聚吡咯/无机氧化物纳米微粒复合胶体示意图

4.原位分散聚合技术

原位分散聚合技术是先使纳米粒子在单体中均匀分散，然后进行聚合反应。该方法既可实现粒子均匀分散，同时又可保持纳米粒子特性，可一次聚合成型，避免加热产生的降解，从而保持各性能的稳定。

例如，目前硫化物半导体纳米微粒与聚合物的复合多采用纳米微粒原位分散聚合技术，即无机相硫化物纳米微粒不是预先制备的，而是在反应中就地生成的。聚合物基体既可以是复合过程中合成的，也可以是预先制备的。对于硫族半导体

ZnS、CdS、PbS 与聚合物的复合,已得到苯乙烯-甲基丙烯酸/CdS 或 PbS、PS-P2VP(苯乙烯与 2-乙烯基吡啶嵌段共聚物)/CdS、E-MMA(乙烯-15%甲基丙烯酸共聚物)/PbS 等体系。其制备方法包括金属离子在单体或含聚合物的溶剂中的分散、与 H_2S 反应生成相应金属硫化物、单体的聚合或溶剂挥发等几个步骤。以聚合物为基体制备稳定的硫化物纳米微粒而形成的半导体聚合物复合材料代表了一类不同于分子和块体特性的新材料,它们具有良好的非线性光学特性,为红外和微波应用提供了新材料。

(二)纳米塑料的性能

作为工程材料,纳米塑料与常规增强塑料(树脂基复合材料)相比具有下述优异的物理力学性能。

1. 高强度和高耐热性

利用插层复合技术能够实现有机物基体与无机物分散相在纳米尺度上的复合,所得的纳米塑料能够将无机物的刚性、尺寸稳定性和热稳定性与聚合物的韧性、可加工性及介电性完美地结合起来。含有少量(质量分数不超过 10%,通常为 3%~5%)黏土的纳米塑料与常规玻璃纤维或矿物(质量分数为 30%)增强复合材料的刚性、强度、耐热性相当。因而纳米塑料的密度较低,比强度和比模量高而又不损失其抗冲击强度,能够有效地降低制品重量,方便运输。同时,由于纳米粒子尺寸小于可见光波长,纳米塑料具有高的光泽和良好的透明度。

2. 高阻透性和阻燃窒息性

由于聚合物基体与黏土片层的良好结合和黏土片层的平面取向作用,纳米塑料表现出良好的尺寸稳定性和很好的气体阻透性。此外,有些纳米塑料还具有很高的自熄性、很低的热释放速率(相对聚合物本体而言)和较高的抑烟性,是理想的阻燃材料。如纳米尼龙 6,当黏土的质量分数为 5% 时,其热释放速率的峰值(评价材料火灾安全性的关键因素)可以下降 50% 以上。另外,在一些实验中,发现某些纳米塑料还表现出很好的自熄性。例如把聚己内酯-硅酸盐纳米塑料和未填充的聚己内酯放在火中 30 秒,取出后纳米塑料就停止燃烧,并保持它的完整性;与此相反,未填充的聚合物则继续燃烧直至样品被破坏。因此,国外有文献称这种纳米塑料制造技术是塑料阻燃技术的革命。

3. 纳米塑料的阻隔性能

研究中已发现,纳米塑料的阻隔性能也大大提高。例如在聚己内酯-蒙脱土体系中,纳米材料的相对透过性和传统的填充聚合物及未填充的聚合物相比,透过性显著下降,并随着蒙脱土含量的增加而迅速下降,即阻隔性能显著上升。在聚酰亚胺-蒙脱土纳米塑料中,其气体渗透系数(包括水蒸气、氧气和氮气)显著下降,并随着蒙脱土含量的增加而下降。当蒙脱土的质量分数仅为2%时,其渗透系数下降近一半;当用不同黏土来制备时,随着黏土片层长度的增加,材料的阻隔性能提高更显著。这是由于在纳米塑料中的聚合物基体中存在着分散的、大尺寸比的硅酸盐层,这些层对于水分子和单体分子来说是不能透过的,这就迫使溶质要通过围绕硅酸盐粒子弯曲的路径才能通过薄膜,这样就提高了扩散的有机通道长度,因此阻隔性上升。

4. 纳米塑料的热稳定性

硅酸盐纳米塑料在耐热性和热稳定性方面也有显著提高。例如聚二甲基硅氧烷(PDMS)-黏土纳米塑料和未填充的聚合物相比,其分解温度显著提高,从400摄氏度提高到了500摄氏度。尽管PDMS会分解成易挥发的环状低聚物,但由于纳米材料的透过性很低,挥发性分解物不易扩散出去,从而提高了热稳定性。在聚酰亚胺-蒙脱土体系中,随着蒙脱土含量的增加,纳米塑料的热膨胀系数显著降低,蒙脱土的质量分数仅4%时就下降近一半,热稳定性明显提高。再如,在纳米黏土尼龙(NCH)中,产物的热变形温度(HDT)提高了近一倍(NCH的为135~160摄氏度,纯尼龙的为65摄氏度),而且此时黏土的质量分数仅为5%左右。随着黏土含量的增加,HDT还会逐渐提高。

5. 纳米塑料的电性能

硅酸盐纳米塑料也可用作聚合物电解质。对于聚环氧乙烷(PEO)电解质来说,在熔点温度以下,它的电导率从10^{-5}西门子/厘米下降到10^{-8}西门子/厘米。这种明显的下降是由于PEO形成了晶体,从而阻止了离子的运动,而插层则可以阻止晶体的生长,因此可以提高电解质的电导率。此外,由于在纳米塑料中硅酸盐片层是不能移动的,因此纳米塑料的导电为单离子传导行为。对$LiBF_4$/PEO和PEO/锂蒙脱土纳米塑料(聚合物质量占40%)的电导率研究发现:$LiBF_4$/PEO电解质的电导率在熔化温度下降低了几个数量级;与此相反,在相同的温度范围内,温度对纳米塑料的电导率影响很小,电导率随温度降低只稍有下降。此外,在纳米塑料中的表面活化能(11.7千焦/摩尔)和熔融聚合物电解质的类似,这表明在纳米塑料中和在本体熔融的电解质中Li+的活动性几乎相同。另外,熔融插层的纳米塑料的电导率比溶液插层的要高,而且各向异性更明显。这可能是由于在熔融插层材料中,存在着过量的聚合物,从而提供了一条更容易的电导途径。

6.纳米塑料的抗菌性能

纳米塑料的抗菌性能是指纳米塑料本身具有抗菌性,可以在一定时间内将沾污在塑料上的细菌杀死并抑制细菌生长。抗菌性纳米塑料是通过在塑料中添加抗菌剂的方法实现的。利用纳米技术在塑料中添加少量的纳米无机抗菌剂即可制得高效的抗菌塑料。经纳米技术改性的无机抗菌剂之所以有很好的抗菌性能是因为:由于颗粒的减小,单位质量的无机抗菌剂颗粒数增多,比表面积加大,而无机抗菌剂是接触式杀菌,因而增加了与细菌的接触面积,从而提高了抗菌效果;同时,由于抗菌剂的粒径超细,依靠库仑引力可穿透细菌的细胞壁(大肠杆菌大约为600纳米)进入细胞体内,破坏细胞合成酶的活性,细胞丧失分裂增殖能力而死亡。抗菌性纳米复合塑料具有极其优异的性能:安全性高,无毒副作用;抗菌时效长,缓释效果良好;抗菌效率极高,对大肠杆菌等的抗菌率达到99%以上;抗菌谱宽,克服了一般抗菌材料的单一性;稳定性好,具有普通银系抗菌剂所不能比拟的光稳定性和热稳定性。高效的纳米抗菌塑料主要用于家用电器如电冰箱的门把手、门衬、内衬等部件,洗衣机的抗菌不锈钢筒、抗菌洗涤水泵、抗菌波轮等部件,医用电器设备的外用的塑料制件等。

7.纳米塑料的各向异性特点

对于层间插入复合型纳米塑料,聚合物插层进入蒙脱土片层间,蒙脱土的片层间距虽有扩大,但片层仍然具有一定的有序性。也就是说,其结构在近程仍保留层状有序(一般10~20层),而远程则是无序的。由于高分子链输运特性在层间的受限空间与层外的自由空间有很大的差异,因此插层型纳米塑料可作为各向异性的功能材料。例如在尼龙-层状硅酸盐纳米塑料中,热胀系数就是各向异性的。在注射成型时的流动方向的热胀系数为垂直方向的一半,而纯尼龙为各向同性的。从透射电镜照片可以看出，1纳米厚的蒙脱土片层分散在尼龙基体中，蒙脱土片层的方向与流动方向相一致，聚合物分子链也和流动方向相平行。因此，各向异性可能是蒙脱土和高分子链取向的结果。在聚苯胺-蒙脱土体系中，经氯化氢蒸气处理后，材料的电导率大大上升，且为各向异性（平行方向的电导率为垂直方向电导率的10^5倍）。其原因在于蒙脱土为绝缘体，分散在聚合物基体中并和平行方向一致。在垂直方向上由于蒙脱土的存在，加长了导电离子的路径。在其他导电体系如聚吡咯-荧光辉石体系中也有类似情况发生。

（三）典型纳米塑料举例

1. 尼龙6纳米塑料

尼龙（聚酰胺的俗称）是工程塑料的一大品种，特别是其中的尼龙6（PA6），由于具有良好的物理、力学性能，例如拉伸强度高，耐磨性优异，冲击强度高，耐化学药品和耐油性突出，在五大工程塑料中应用最广。但是，普通PA6的吸水率高，在较强外力和加热条件下，其刚性和耐热性不佳，制品的稳定性和电性能较差，使其在许多应用领域受到限制。自从20世纪80年代中期日本学者臼杵有光首次报道采用插层原位聚合法制备高强耐热的纳米黏土/尼龙6以来，国内外相关科研人员对其进行了大量的研究工作。中国科学院化学研究所的研究人员在纳米蒙脱土/尼龙6的制备、结构与性能方面取得了重大的研究进展。

蒙脱土是我国丰产的一类天然黏土矿物，是一种层状硅酸盐。其结构片层是纳米尺度的，包含有三个亚层，在两个硅氧四面体亚层中间夹含一个铝氧八面体亚层，亚层之间通过共用氧原子以共价键连接，结合极为牢固。整个结构片层厚约1纳米，长宽约100纳米，由于铝氧八面体亚层中的部分铝原子被低价原子取代，片层带有负电荷。过剩的负电荷靠游离于层间的Na^+、Ca^{2+}和Mg^{2+}等阳离子平衡，因此容易与烷基季铵盐或其他有机阳离子进行离子交换反应生成有机化蒙脱土，交换后的蒙脱土呈亲油性，并且层间的距离增大。有机蒙脱土能进一步与单体或聚合物熔体反应，在单体聚合或聚合物熔体混合的过程中剥离为纳米尺度的结构片层，均匀分散到聚合物基体中，从而形成纳米塑料。

中国科学院化学研究所工程塑料国家重点实验室用天然丰产的蒙脱土层状硅酸盐作为无机分散相，采用一步法制备了PA6纳米塑料（NPA6）。该复合材料与纯

PA6相比具有高强度、高模量、高耐热性、低吸湿性、高尺寸稳定性、阻隔性能好等优点，性能全面超过PA6，并且具有良好的加工性能；与普通的玻璃纤维增强和矿物增强PA6相比，具有密度低、耐磨性好、同无机物含量条件下综合性能明显优于前者等优点；同时，该纳米复合材料还可进一步用于玻璃纤维增强和普通矿物增强等改性纳米PA6，其性能更加优越。由于该实验室开发的PA6纳米塑料具有优异的性能及较高的性能价格比，其应用领域非常广泛。可用于制造汽车零部件，尤其是发动机内等有耐热性要求的零件，还可应用于办公用品、电子电器零部件、日用品等，此外还可用于制造管道等挤出制品。尼龙6纳米塑料是工程塑料行业的理想材料，该产品的开发为塑料工业注入了全新的概念。

尼龙6纳米塑料与增强尼龙6纳米塑料性能

性能	PA6	NPA-I	NPA-E	NPA-T	NPA6G10	NPA6G30
拉伸强度/MPa	75~85	96	102	74	123	190
弹性模量/GPa	3.1	4.2	4.7	3.5	6.5	11.9
断裂伸长率（%）	30	14	10	56	3.6	3.7
弯曲屈服强度/MPa	115	152	170	139	206	247
弯曲弹性模量/GPa	3.0	3.4	4.1	2.9	5.1	10.2
Izod缺口冲击强度/J·m^{-1}	40	127	107	240	104	191
热变形温度（1.85MPa）/℃	65	163	166	/	190	210
熔点/℃	215~225	/	/	/	220~230	220~230

在NPA6作为工程塑料的基础上，该实验室还制备了高性能NPA6膜用切片，该切片适用于吹塑和挤出制备热收缩肠衣膜、双向拉伸膜、单向拉伸膜及复合膜。与普通PA薄膜相比，NPA6膜具有更佳的阻隔性、透明性和力学性能，因而是更好的食品包装材料。

在开发的尼龙6纳米复合塑料系列产品中，NPA-I属于注射级用料，NPA-E属于挤出级用料，NPA-T属于增韧级用料，NPA6G10、NPA6G20和NPA6G30则为增强型母料。

2.PET纳米塑料

聚对苯二甲酸乙二醇酯（PET）因其优良的综合性能而被广泛地应用于合成纤维、瓶和薄膜，但工程塑料用只占其总量的1.6%，因此开发工程塑料级PET成关注的焦点。PET作为工程塑料应用存在三大制约因素：熔体强度差、结晶速度较慢、

尺寸稳定性差，因而不能满足工业上快速注射成型的需要。有鉴于此，世界上各大公司纷纷在快速结晶化助剂的开发上投入大量人力、物力、财力，开发出了各具特色的快速结晶助剂，并在此基础上推出了各自的商品化PET工程塑料产品，较为突出的有美国GE公司、德国BASF公司、日本三菱公司的系列玻纤/矿物增强PET工程塑料。这些产品都具有较高的结晶速率，但在加工过程中加入的成核剂价格昂贵，成为制约其大规模应用的一个瓶颈。中国科学院化学研究所的研究表明，当无机组分以纳米水平分散在PET基材中时，可显著改善PET的加工性能及制品性能，开发出了PET/蒙脱土纳米复合材料NPET。这种材料将无机材料的刚性、耐热性与PET的韧性、易加工性圆满地结合起来，使得材料的力学性能、热性能得到了提高，对气体、水蒸气的阻隔性也有很大的改善。纳米PET的结晶速率有很大程度的提高，因而成型时可降低模具温度，加工性能优良。用作工程塑料时，可以不添加结晶成核剂、结晶促进剂和增韧剂而直接与其他填料复合。由于纳米填充粒子尺寸很小，材料仍能保持一定的透明性。实际应用中可以通过加工条件控制使其制品透明、半透明或不透明，以适应不同需要。由纳米PET吹制的瓶材具有良好的阻隔性，是啤酒和软饮料理想的包装材料。

结合NPET原料开发出的增强型阻燃NPET工程塑料，经工程塑料国家工程研究中心测试，结果表明该种新型PET工程塑料的各项性能指标均达到或超过了国内外PET工程塑料产品。该种产品性能稳定、可靠，完全具备了批量生产的技术条件。

PET纳米复合塑料性能

性能	NPA6G10	NPA6G20	NPA6G30	测试方法
拉伸强度/MPa	90	121	140	GB/T1040
弹性模量/GPa	5.5	7.2	8.1	GB/T1040
断裂伸长率（%）	5.6	3	1.7	GB/T104
弯曲屈服强度/MPa	158	180	200	GB8341
弯曲弹性模量/GPa	5.1	7.5	10.2	GB9341
Izod缺口冲击强度/J·m^{-1}	54	69	75	GB1843
热变形温度（1.85MPa）/℃	190	210	218	GB1643
熔点/℃	250~260	250~260	250~260	

3.超高相对分子质量聚乙烯/黏土纳米复合材料（NUHMWPE）

超高相对分子质量聚乙烯（UHMWPE）是指相对分子质量150万以上的线性结

构聚乙烯,其耐磨、耐冲击、耐腐蚀、自润滑、冲击吸收功均为现有塑料中最好的,具有极大的工业开发价值,但由于其熔体黏度极高,因此成型加工非常困难。中国科学院化学研究所通过熔融插层蒙脱土制造的UHMWPE/黏土纳米复合材料解决了UHMWPE加工的难题。UHMWPE与均一分散层状硅酸盐充分混合,利用层状硅酸盐层间摩擦系数小的特点,减少UHMWPE分子链的缠结,起到良好的自润滑作用,使得UHMWPE能用普通挤出成型方法连续生产管材和异型材。NUHMWPE系列纳米塑料质地轻,具有优良的耐磨、耐腐蚀、高强度、无毒性能。制品易于运输、安装、保养,并具有优良的抗振性,性能价格比优于铁管、铝管、铝塑管,是理想的大、中、小口径的给水管和煤气管道,工业液体输送管道,河湖疏浚排泥管道,粮食、粉煤灰、矿沙输送管道材料。

NUHMWPE纳米复合塑料性能

性能	EX-NUPE	RF-NUPE	RF-UPE	NPE
相对分子质量/×104	250	250	—	—
密度/g·m-3	0.96	1.15	1.15	1.15
拉伸强度/MPa	26	50	35	28
弹性模量/GPa	0.9	2.6	2.6	2.0
断裂伸长率(%)	300	10~20	30	50
Izod缺口冲击强度/J·m-1	不断	不断	450	400
热变形温度(1.85MPa)AC	85	100	95	90
脆化温度AC	−80	−80	—	—

二、纳米陶瓷

陶瓷材料具有优良的力学性能、耐高温性能、电磁方面的性能及防腐蚀和耐环境的性能,但是由于其韧性较低而呈脆性,且难于加工,严重影响了它的应用范围。纳米陶瓷的出现,为这些问题的解决带来了新的希望。纳米陶瓷是纳米材料的一个分支,是指平均晶粒尺寸小于100纳米的陶瓷材料。纳米陶瓷属于三维的纳米块体材料,其晶粒尺寸、晶界宽度、第二相分布、缺陷尺寸等都是在纳米量级的水平。1987年,德国的Karch等人首次报道了所研制的纳米陶瓷具有高韧性与低温超塑性行为。英国著名材料学家Kahn也在《自然》杂志上撰文说:"纳米陶瓷是解决陶瓷脆性的战略途径。"此后,世界各国对发展纳米陶瓷以解决陶瓷材料脆性和难加工性寄予厚望,并作了大量的研究,在结构、性能等方面都获得了丰硕的成果。

（一）纳米陶瓷的制备工艺

纳米陶瓷的制备工艺包括纳米粉体的合成、素坯的成型到纳米陶瓷的烧结等方面。虽然从基本的工艺上看，纳米陶瓷的制备与普通陶瓷的制备并没有太大的区别（一般都遵循制粉—成型—烧结的工序），但是，从具体的技术上看，二者有着明显的不同，前者比后者对工艺上的要求严格得多。为了获得纳米陶瓷，人们在普通陶瓷制备工艺的基础上进行了多方面的研究。

1. 纳米陶瓷粉体的合成

传统的天然原料不经处理基本上无法用于纳米陶瓷的制备。纳米粉体的合成是纳米陶瓷制备的第一步。这是因为粉体的性能，如化学成分配比、粉体纯度、成分分布、粉体颗粒大小、颗粒尺度分布、团聚状态等对下一步成型、烧结及最后纳米陶瓷的性能都有极大的影响。

气相法、液相法、固相法都可用于纳米陶瓷粉体的制备。不过，这三类方法在制备纳米粉体方面还是有一些区别的。一般而言，气相法所得纳米陶瓷粉体纯度较高、团聚较少、烧结性能也往往较好；其缺点是设备昂贵、产量较低，不易普及。固相法所用设备简单、操作方便，但所得粉体往往不够纯，粒度分布也较大，适用于要求比较低的场合。液相法介于气相法与固相法之间，与气相法相比，液相法具有设备简单、无须高真空等苛刻物理条件、易放大等优点，同时又比固相法制得的粉体纯净、团聚少，很容易实现工业化生产，因此最有发展前途。

2. 纳米陶瓷成型

成型就是将粉体转变成具有一定形状、体积和强度的坯体。素坯的密度和素坯中显微组织的均匀与否，对于陶瓷在烧结过程中的致密化有极大的影响。纳米粉体由于自身的特点，使得达到较高的素坯密度和较均匀的颗粒堆积更加困难。因为纳米颗粒之间很容易因London-Van DerWaals吸引力而形成团聚，这些团聚会使素坯中的颗粒堆积的不均匀性增加，同时坯体的密度也较低；另外，即使不考虑团聚的作用，由于纳米粒子小，单位体积中颗粒间的接触点大大多于普通粉，因此在成型时，每个接触点都会因摩擦力的作用而阻碍颗粒间的滑动，这同样会影响均匀化，同时还容易在素坯中留下残余应力，使坯体在烧结时破碎。此外，纳米颗粒表面吸附的杂质也有可能对成型造成影响。

随着对纳米陶瓷制备研究的深入，素坯的成型方面也有许多新的进展，最主要的表现是：首先，传统的干压成型方法得到进一步发展，如利用包膜技术减小颗粒间的摩擦，以利于提高素坯的密度；又如采用连续加压的工艺，使粉体团聚破碎、晶粒重排在不同的加压过程中完成，使素坯的密度更高。而提高成型压力则是最主要的发展趋势，如利用电磁脉冲等特殊手段，将成型压力提高到2~10吉帕，从而使素坯的密度可提高到60%~80%左右，比普通的等静压成型高出20%~40%。其次，在新的成型方法方面，大量的湿法成型也成为研究的热点，如利用离心注浆成型方法，可获得相对密度高达74%、颗粒分布极均匀的纳米Y-TZP（Y_2O_3稳定的四方相ZrO_2）陶瓷坯体。还有诸如渗透固化（osmoticcon-solidation）、直接凝固注模成型（DCC）、凝胶注模成型（gelcasting）以及挤压成型（extrusion）、注射成型（injection-molding）等成型方法也得到了广泛的研究。

3.纳米陶瓷的烧结

陶瓷材料的烧结是指素坯在高温下的致密化过程。随着温度的上升和时间的延长，固体颗粒相互键联，晶粒长大，孔隙和晶界渐趋减少，通过物质的传递，其总体积收缩，密度增加，最后成为坚硬的具有某种显微结构的多晶烧结体。烧结是陶瓷制备过程中最关键的一步。由于晶粒在烧结过程中极易长大，所以对于纳米陶瓷而言，烧结更是极其关键的一步。几乎所有关于纳米陶瓷烧结的研究，最重要的问题都是如何控制晶粒的长大。换句话说，就是如何使陶瓷在晶粒不长大或长大很少的前提下实现致密化。由于纳米颗粒表面能大，晶粒生长迅速，即使在快速烧结的条件下或很低的温度下（如1 200摄氏度），也很容易长到100纳米以上。因此，当前纳米陶瓷研究中，人们从烧结动力学的观点出发，采取了多种手段控制晶粒的长大，除了前面已叙述的包括使用性能良好的粉体、采用超高压等新型成型方法外，可供选择的途径还有选择适当的添加剂和采用新型的烧结方法和烧结工艺等。适当的添加剂可有效地降低陶瓷烧结的温度、抑制晶粒的长大，但也可能引入不希望出现的杂相。因此寻求新的烧结方法和烧结工艺便成为研究的重点。

在纳米陶瓷的制备过程中，传统的烧结方式如无压烧结、热压烧结等依然得到广泛使用，但在具体的烧结工艺上则有很多创新，如无压烧结中的多阶段烧结等。同时，新的纳米陶瓷的烧结方法也在不断出现，这些方法都是通过采用新的加热或加压方式，以期达到促进致密化、控制晶粒生长的目的。采用新的加热方式，包括微波烧结（microwave sintering）、等离子体烧结（plasma sintering）、等离子活化烧结（plasma actived sintering）、放电等离子烧结（spark plasma sintering）等。在加压方式上的发展主要有超高压烧结（ultra-high-pressure sintering）、冲击成型（shock compaction）、爆炸烧结（explosive sintering）等。

（二）纳米陶瓷的结构和性能

1.纳米陶瓷断裂表面的超塑性形变

超塑性是指在一定应力拉伸时产生极大的伸长形变而不发生破坏的现象。超塑性由于在成型形状复杂的部件方面有很好的应用前景而受到极大的关注。陶瓷材料的超塑性研究始于20世纪80年代，1986年日本的Wakai首先发现并报道了多晶陶瓷的拉伸超塑性，他们发现3Y-TZP陶瓷能产生大于120%的均匀拉伸形变。接着很多陶瓷如氮化硅、羟基磷灰石等也被发现具有超塑性。但是，由于超塑性过程受扩散控制，所以一般陶瓷的超塑性要在比较高的温度下才能产生。只有当纳米陶瓷出现之后，才使陶瓷的常温超塑性成为可能。

根据材料的塑性形变特征方程可以知道，在其他因素不变的情况下，只要材料晶粒降低到足够小，即使温度比较低，其应变速率也可保持比较大。这就意味着有可能使陶瓷在室温下具有可延展性。Karch等人的工作已经初步显示出了这一点，下图是他们进行纳米CaF_2塑性形变的示意图。首先将平展的方形样品置于两块铝箔之间，然后沿箭头方向加压力使上下闭合，结果发现，纳米CaF_2由于塑性形变导致样品的形状发生正弦弯曲，并通过向右侧的塑性流动而成为细丝状。他们还将平均粒径约8纳米的氧化钛纳米粒子真空压制得到的非致密的纳米陶瓷，置于特制的模具中，在180摄氏度下加载1秒，结果平板状试样弯曲180°而不发生裂纹扩展。这种潜在的可能性的价值是不言而喻的，它将导致陶瓷成型工艺的革命性发展。

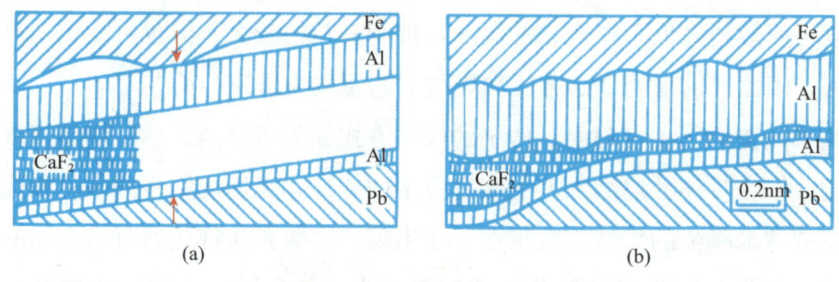

纳米CaF_2塑性开变的示意图

但是，Karch等人所发现的具有室温超塑性的CaF_2和TiO_2的相对密度都比较低，并不能真正反映纳米陶瓷的室温塑性。到目前为止，人们只观察到完全致密的纳米陶瓷拉伸疲劳断口微区上的室温超塑性。

2.纳米Al_2O_3-ZrO_2陶瓷的室温断裂韧度

断裂韧度是材料极为重要的力学性能之一，它表示材料抵抗裂纹扩展的能力，断裂韧度越高，表明其抵抗裂纹扩展的能力越强。由于陶瓷为脆性材料，提高其断裂韧度具有极其重要的意义。一般而言，有三条途径可以提高陶瓷的断裂韧度：①是通过在陶瓷微观结构上加入能量吸收单元如片晶、晶须、颗粒等来实现，利用裂纹偏转和提供桥联单元来阻止裂纹的进一步扩展；②是在陶瓷基体中加入金属丝，通过塑性形变来吸收能量；③是加入能够相变的第二相通过相变来吸收裂纹扩展的能量。这些方法对提高陶瓷的韧性起到很大的作用。但现在人们惊奇地发现，纳米Al_2O_3-ZrO_2陶瓷也具有增韧的作用。这一发现具有很大的意义，因为从理论上看，这提出了另一种增韧的形式；从技术上看，纳米陶瓷将比普通陶瓷具有更高的可靠性，可以更方便、放心地应用。下面我们对此作简单介绍。

纳米Al_2O_3-ZrO_2粉体由原位燃烧法合成，即将铝和锆的硝酸盐原位混合作为氧化剂，加入尿素作为燃烧剂，与水混合成糊状物，在450~600摄氏度的温度下燃烧数分钟，发生放热的氧化还原反应。由于反应时间极短，生成的晶粒已成核但未长大，这样便获得纳米Al_2O_3-ZrO_2粉体。将所得纳米Al_2O_3-ZrO_2粉体经495兆帕等静压，并经1 200摄氏度下预烧2小时后在1200摄氏度、170兆帕下热等静压1小时获得相对密度达98%左右的纳米Al_2O_3-ZrO_2陶瓷。经测定，其室温断裂韧度为8.38兆帕·米$^{\frac{1}{2}}$，比普通粗颗粒的Al_2O_3-ZrO_2陶瓷的6.737 3兆帕·米$^{\frac{1}{2}}$要高得多。在普通粗颗粒的Al_2O_3-ZrO_2陶瓷中，其增韧机制是ZrO_2增韧Al_2O_3，包含有相变增韧和微裂纹增韧两种机理。而XRD测定的结果显示，在纳米Al_2O_3-ZrO_2陶瓷中，仅有5%的ZrO_2发生了相变，而95%是稳定的。这就表明，在纳米Al_2O_3-ZrO_2陶瓷存在着另一种增韧机制。不过，到目前为止，对于这种新的增韧机制还没有最后的定论。一种可能的机制是铁弹性畴结构。铁弹性与铁磁性或铁电性相似，可由不可逆性形变和应力与应变轴间的能量耗散迟滞回线表征。在这种结构的材料中，由于应力状态的改变，会产生新畴或孪晶，达到增韧的目的。另一种可能的机制是分散均匀的气孔被压碎，这是在压头的作用下形成扩展的微断裂区的结果。

3. 纳米TiO_2陶瓷的硬度分析

除了韧性、超塑性外,纳米陶瓷在硬度方面也与普通陶瓷不同。纳米陶瓷的素坯由于相对密度常常比较低,因而硬度也比普通陶瓷素坯低得多。但经烧结后,纳米陶瓷的硬度却比普通陶瓷的硬度高得多。对纳米TiO_2陶瓷的研究结果就充分显示了这一点。纳米TiO_2陶瓷是采用气相沉积法制成晶粒为12纳米左右的粉体,经1.4吉帕压力下原位成型后烧结而成。显微硬度测试表明,虽然纳米TiO_2陶瓷和粗晶粒TiO_2陶瓷一样,硬度都随着烧结温度的提高而增大,但二者有着明显的区别:对应于相同的烧结温度,纳米TiO_2陶瓷硬度均高于粗晶粒的TiO_2陶瓷。而相对于同样的硬度值,纳米TiO_2陶瓷的烧结温度比粗晶粒$TiO2$陶瓷低几百摄氏度。

4. 纳米TiO_2陶瓷的低温蠕变性能

多晶材料的塑性形变通常是由位错运动和扩散蠕变过程引起的。大多数陶瓷在室温下由于位错的运动能力小和位错密度低,不能发生塑性形变,因此容易产生脆性断裂。在足够高的温度下,由于扩散的进行,塑性形变才有可能。但当Wakai等人在20世纪80年代发现细晶粒的Y-TZP材料可以在远远低于熔点的温度下产生超塑性形变后,人们通过理论计算认为,如果陶瓷的晶粒更细,那么扩散性蠕变将可能在更低的温度下也能进行。如果晶粒由10微米减小到10纳米,则蠕变的速度有可能提高10^9倍,这就使得陶瓷在低温甚至室温下的超塑性形变成为可能。

对纳米TiO_2陶瓷的低温蠕变性能的研究表明,纳米TiO^2陶瓷即使在形变超过0.6的情况下也未产生任何裂纹,密度保持稳定。利用热压和热燃烧结可获得平均晶粒为40纳米左右、相对密度大于99%的纳米TiO_2陶瓷。为抑制晶粒在蠕变中长大,在粉体中添加Y_2O_3,制成TiO_2陶瓷。蠕变测定在600~800摄氏度的范围内进行。对纳米TiO_2陶瓷进行压缩实验,下图是不同温度下纳米TiO_2陶瓷及纳米TiO_2-Y_2O_3陶瓷应变随时间变化的曲线。在相同的温度和应力下,纳米TiO_2-Y_2O_3陶瓷的应变小于纳米TiO_2陶瓷。而对于纳米TiO_2陶瓷而言,其应变速率则随温度的提高和应力的增大而增大,但随着时间的延长而减小。此外,纳米TiO_2陶瓷随时间的延长形变速率减小很大,这除了因真应力减小的原因之外,最主要的是由于在形变过程中纳米TiO_2陶瓷的显微结构发生了变化,晶粒有明显的长大。而纳米TiO_2-Y_2O_3陶瓷的速率基本保持不变,这也显然与晶粒大小没有变化有关。

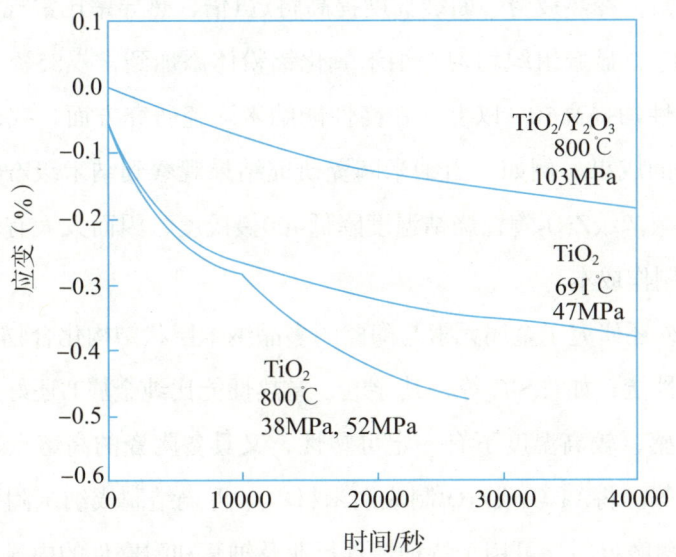

不同温度下纳米TiO_2陶瓷及纳米TiO_2-Y_2O_3陶瓷应变随时间变化的曲线

（三）纳米陶瓷的应用

纳米陶瓷的优异性能为其开辟了广阔的应用前景。在这方面，西欧、美国、日本等都取得了一些具有商业价值的成果。例如：英国把纳米氧化铝与二氧化锆进行混合，在实验室已获得高韧性的陶瓷材料，烧结温度可降低100摄氏度；日本正在试验用纳米氧化铝与亚微米的二氧化硅合成莫来石，这可能是一种非常好的电子封装材料，目标是提高致密度、韧性和热导性；日本还将Si_3N_4微米级粉体表面利用化学溶液化，然后氢化还原，制备出Si_3N_4/BN纳米复相陶瓷。也就是说，今后的纳米陶瓷可具有金属一样的易加工性与超塑性。德国Julich将纳米碳化硅掺入粗晶α-碳化硅粉体中，当掺和量为20%（质量分数）时，这种粉体制成的块体的断裂韧度提高了25%。

我国的科技工作者已成功地用多种方法制备了纳米陶瓷粉体材料，其中氧化锆、碳化硅、氧化铝、氧化钛、氧化硅、氮化硅都已完成了实验室的工作，制备工艺稳定，生产量大，已为规模生产提供了良好的条件。近一两年来利用我国自己制备的纳米粉体材料添加到常规陶瓷中取得了引起企业界注意的科研成果。例如，氧化铝的基板材料是微电子工业重要的材料之一，长期以来我国的基板材料基本靠国外进口。最近用流延法初步制备了添加纳米氧化铝的基板材料，表面光

洁程度大大提高，冷热疲劳、断裂韧度提高将近1倍，热导率比常规氧化铝的基板材料提高了20%，显微组织均匀。纳米氧化铝粉体添加到常规85瓷、95瓷中，观察到强度和韧性均提高50%以上。在高性能纳米陶瓷研究方面，我国科技工作者也取得了很好的成果。例如，由纳米陶瓷研究结果观察到纳米级ZrO_2陶瓷的烧结温度比常规的微米级ZrO_2陶瓷烧结温度降低400摄氏度，因而大大有利于控制晶粒的长大和降低制作成本。

此外，国外还研究了金属元素与陶瓷的多晶纳米层状结构化合物，综合了金属与陶瓷的优异性能，如Ti_3SiC_2等，其导电、导热性能比纯金属Ti还好，极易加工，对热冲击不敏感，较高温度下有一定可塑性，又具备陶瓷的高熔点、抗氧化和显著的高温强度等。将Al_2O_3或ZrO_2制成纳米材料，再烧结制成纳米陶瓷材料，是一种新型超硬高耐磨材料，可用于特种模具行业及轴瓦和耐磨件的内衬。由于纳米陶瓷有良好的抗冲击性能和塑性，可用于制造新型超硬装甲防护板，抗弹丸冲击性能良好，而且重量轻，可减轻装甲车辆的重量。纳米陶瓷还可制成灭菌陶瓷，用于洁具、厨房和医院的装潢。纳米陶瓷粉制成的地砖、墙砖及洁具，不仅强度高，而且外观致密、美观。氧化锡气敏陶瓷是最常见的气敏材料，对许多可燃气体都有较高的气敏性，广泛用于有害、有毒及可燃气体报警的气体传感器上做传感元件。添加TiO_2的SnO_2气敏材料，可用来探测CO、煤气、乙醇等气体。因SnO_2气敏机理属表象控制型，其对气体灵敏度的高低与气敏材料的比表面积有关，比表面积越大，对气体灵敏度越高。若将SnO_2气敏材料制成纳米颗粒，显然会提高其气体灵敏度。航天液体火箭的涡轮泵及燃气通道等关键零件表面需经受高温、高压和富氧燃气冲刷，要求零件表面涂镀耐高温、抗氧化、耐冲刷的高温无机涂层材料，而纳米陶瓷复合涂料就是良好的新材料。

总之，随着纳米技术的发展，纳米陶瓷的应用范围将愈加广泛，纳米陶瓷将成为新世纪很有发展前途的新材料。

三、纳米复合涂料

利用高新技术改造传统涂料产业是迅速提高涂料质量、更新涂料品种的重要手段。用纳米材料结合传统涂料制造纳米复合涂料就是一个重要发展方向。所谓纳米

复合涂料,就是将纳米粉体用于涂料中所得到的一类具有抗辐射、耐老化与剥离强度高或具有某些特殊功能的涂料。

(一)纳米复合涂料的分类和功能

纳米复合涂料可分为纳米改性涂料和纳米结构涂料。利用纳米粒子的某些功能对现有涂料进行改性,提高涂料的性能,这种涂料称为纳米改性涂料;而使用某些特殊工艺制备的涂料,其中某种特别组分的细度在纳米级,这种涂料称为纳米结构涂料。纳米改性涂料是传统涂料的进一步发展,不仅是品种方面,更重要的是涂料的品质有了很大的改善和提高;纳米结构涂料是新发展的功能性涂料,主要限于军事隐形涂料、抗静电涂料、热阻涂料、抗菌涂料、界面涂料、自修复涂料、电磁涂料、红外线吸收涂料、电绝缘涂料、空气净化涂料等。通常依据纳米复合涂料的功能性可分为:功能性纳米复合涂料、通用型纳米复合涂料、特种纳米复合涂料等。在成功开发出的纳米复合涂料品种中,越来越表现出这种新型复合涂料的卓越性。下面从各种纳米复合涂料的特殊功能和用途方面分类加以介绍。

1. 抗菌防污涂料

将纳米粉体杀菌剂均匀分散到涂料中得到的稳定涂料就是抗菌防污涂料。纳米TiO_2具有很高的光催化性,是一种光催化半导体抗菌杀菌剂。纳米ZnO也是一种高效杀菌剂,对其杀菌能力进行定量杀菌实验表明:当纳米ZnO的体积分数为1%时,在5分钟内,对金黄色葡萄球菌的杀菌率为98.86%,对大肠杆菌的杀菌率为99.93%。将一定量的纳米$ZnO/Ca(OH)_2/AgNO_3$等加入到体积分数为25%的磷酸盐溶液中,经混合、干燥、粉碎等处理后,再制成涂料涂于电话机等公共用具上,有很好的抗菌性能。医院的某些场所常附有各种病菌,如果在这些地方涂刷抗菌防污涂料,在光的照射下,就可以在较短的时间内将病菌杀灭。更为可贵的是,可以随时用水冲刷,把氧化分解的污垢除去,从而在涂料的使用期内可就地维持其抗菌防污的效果。住宅装修用的新材料、黏结剂以及家具等往往会产生甲醛、丙酮等有毒异味的气体,再加上吸烟等不良生活方式产生的不利健康的烟雾,居室内的"环境污染"对人类的健康已产生严重威胁,使用抗菌防污涂料也是解决这类问题的一个有效途径。

2. 随角异色效应涂料

所谓随角异色效应涂料,就是从不同角度观察涂层,可以看到不同颜色的涂料,即光学各向异性的涂料。将纳米TiO_2与Al粉等混合制备的涂料,会产生随角异色效应。产生这种效用的原理一般认为,纳米TiO_2对可见光呈透明性,在与铝粉等混用时,入射光一部分在散光铝粉表面发生镜面反射,而另一部分透过纳米TiO_2发生色散后,在纳米TiO_2与铝粉界面反射,形成散光涂层。这样,透射光在Al粉表面反射了纳米TiO_2粒子表面反射的光,自然光的连续反射产生了不同的视觉效果。

纳米TiO_2与铝粉颜料或云母珠光颜料混合用于涂料中,其涂层具有随角异色性,能在涂层的照光区呈现一种金黄色的亮光,而在侧光区反射蓝色乳光,从而增加金属面漆颜色的丰满度。加入不同颜色的珠光颜料,可以形成不同的正视色和侧视色。这种随角异色效应所显现的颜色和柔和变化,能随着汽车车身曲率的改变而变化,很适合当前流行的圆角度和流线型等新车型的需要。此外,用这种涂料涂饰金属、塑料等基材的表面,由于随角异色效应,会产生丰富的颜色变化,显得现代、气派,极富装饰效果,在商标印刷油墨、艺术装潢和特种建筑涂料等行业具有很大的应用市场。

3. 紫外线防护涂料

紫外线辐射能够使塑料、合成树脂、有机玻璃等合成材料中的高分子链段降解导致老化;涂料的耐候性降低,易粉化;纸张变黄、变脆等。普通有机涂料虽然具有一定的保护功能,但大气中的紫外线对室外的有机涂层具有破坏、粉化作用。如何在保持涂料的基本性能之上,使涂料本身具有抗老化作用,这是人们关注的问题。纳米TiO_2、ZnO、Al_2O_3、SO_2、Fe_2O_3等都是优良的抗紫外吸收剂,用在有机涂料中能明显地提高涂料的抗老化性能。纳米TiO_2是永久性的紫外线吸收剂,将其加入到丙烯酸树脂涂料中,研究表明:少量的纳米TiO_2就能使涂料的紫外线透过率显著降低;纳米SiO_2在紫外光固化涂料中,也能显著地降低紫外光的透过率,纳米SiO_2的质量分数为0.5%时,使紫外线的透过率降低到50%以下,纳米SiO_2的质量分数为5%时,紫外线的透过率降低到30%以下。这些涂料都具有良好的紫外线防护功能。

4. 纳米抗静电涂料

静电屏蔽材料用于家电和其他电器的静电屏蔽具有良好的效果。如果不能进行静电屏蔽,电器的部分功能就会受到外部静电的干扰。例如,人体接近屏蔽效果不好的电视机时,人体的静电就会对电视图像产生严重的干扰。一般的电器外壳都是由树脂加炭黑的涂料喷涂而形成的一个光滑表面。由于炭黑有导电作用,因而表面的涂层就有静电屏蔽作用。为了改善静电屏蔽涂料的性能,诞生了纳米抗静电涂料。这种涂料所应用的纳米微粒有Fe_2O_3、TiO_2、Cr_2O_3和ZnO等,这些具有半导体特性的纳米氧化物粒子在室温下具有比常规的氧化物高的导电特性,因而能起到静电屏蔽作用。同时,由于氧化物纳米微粒的颜色不同,TiO_2、SiO_2纳米粒子为白色,Cr_2O_3为绿色,Fe_2O_3为褐色,这样就可以通过复合控制静电屏蔽涂料的颜色。纳米静电屏蔽涂料不但有很好的静电屏蔽特性,而且也克服了炭黑静电屏蔽涂料只有单一颜色的单调性。

5. 建筑涂料

建筑涂料广泛地应用于建筑领域,对建筑物实施保护、美化、识别等作用。建筑涂料作为建筑物保护与装饰是其他材料所不能替代的,也是最简单、最经济与维修方便的材料,同时具有色彩丰富,装饰质感好,施工效率高的特点。因此,随着建筑业的发展和人们对美化建筑物要求的提高以及节能意识的增强,建筑涂料在最近几年获得了突飞猛进的发展。我国目前建筑涂料主要品种有:聚乙烯醇系列内墙涂料、聚乙酸乙烯酯内墙乳胶漆、丙烯酸外墙乳胶漆、溶剂型丙烯酸外墙涂料、彩色砂壁状外墙涂料、有机硅改性丙烯酸涂料等。在这些涂料中,低档建筑涂料产品居多,中高档建筑涂料产品偏少。提高建筑涂料的质量,不单是通过改变建筑涂料的生产工艺就能实现的;通过调整涂料配方,发挥各组分的协同作用,是提高涂料质量的有效途径。在涂料配方中使用纳米粉体,通过特殊分散手段将纳米粉体分散成纳米级微粒,形成纳米粉体填充的建筑涂料,即纳米建筑涂料,它是一种高性能新型涂料,可提高涂料的颜料悬浮性、触变性、抗老化性及黏结强度等性能。一项建筑涂料发明专利报道,在普通建筑涂料中添加少量的硅基氧化物纳米粉体(0.1%~2.0%质量分数)能够提高涂料的抗老化性能、粘接性能、耐污染性能等,使普通建筑涂料高档化。

6. 激光涂料

激光涂料是一个崭新的概念,是在纳米材料科学不断发展、激光物理的实验与理论不断深入的大背景下诞生的。激光涂料是一种内部含有纳米散射粒子的光学增益介质体系，通常由三相成分构成：基体相、发光中心相和散射相。基体相是体系发光光谱范围内透光率极高的液体或聚合物，如甲基丙烯酸甲酯等；发光中心相是具有光量子效应的纳米晶，如Zn-Mn^{2+}纳米晶体粒子等，或发光效率较高的荧光染料，如若丹明640等；散射相是具有高光辐射、高散射指数的纳米晶体，如Al_2O_3、TiC_2）等。

1994年3月，美国激光物理学教授Lawandy等人发现，在溶有有机光染料若丹明640的甲醇胶体中，加入纳米TiO_2晶粒，随后用532纳米的倍频激光辐射，此时出现了奇特的现象：激光泵浦能量在低于某个阈值（该阈值相当低）时，胶体体系表现出普通荧光现象，荧光宽度为100纳米；当激光泵浦能量在高于该阈值时，荧光谱线急剧变窄至10纳米以下，形成了617纳米和650纳米的双谱线，其中前者的强度是后者的10倍之多，光谱的发射强度成10倍地放大，响应时间比普通的荧光发射缩短了几个数量级，荧光的光谱性质具有多模激光谐振腔的特征。这是一种崭新而富有积极意义的物理现象。荧光光谱的这种"相变"是一种激光过程，但纳米/若丹明/甲醇体系是如何形成只有激光器才有的激光谐振腔的，其物理机制目前还不太清楚。与此同时，研究发现，以掺杂Mn^{2+}的纳米ZnS为发光中心、纳米TiO_2为散射相、聚甲基丙烯酸甲酯为基体的复合体系也具有激光涂料的特征。这两种所谓激光涂料虽体系组成不同，但都有一个共同点：都存在纳米晶粒子，这说明激光发射与纳米材料之间存在着某种必然的联系。

激光涂料的问世具有广泛的潜在应用价值，研究发现，激光涂料在激光医学、标记与识别技术、激光隐身技术、显示技术、传感器等方面都可以发挥重要作用。

激光医学应用在医学领域，激光涂料单位体积的高转换率（59%）允许它用于波长漂移的导管和作为漂移光栅使用。也可使某种特定波长的激光设施产生波长移动，用于激发治疗癌症的药物，使药物快速分解杀死癌细胞，达到利用激光涂料有效治愈癌病而不损伤正常体细胞的目的。皮肤病学家可用不同波长工作的激光涂料的激光阵列来治疗、消除皮肤色斑等皮肤疾病。

标记与识别技术激光涂料的窄谱带发射的特性，可用于制造特殊波长控制的光电识别标志。将激光涂料制成图斑或条纹形式，通过特定的激光光源来识别，在防伪、长距离的敌我识别、危险物的标记、搜索、援救等方面有广泛的用途。例如，在信用卡上用激光涂料做光电识别码，将获得一些新的特性。以纳米/若丹明/甲醇体系的激光涂料有两种激发光峰，如果将其制成带16个条纹的条码，会有40亿种编码方案，可以保证每一个持卡人独有专一编码的信用卡，这类信用卡与通用信用卡在外观上没有区别，而且不易被仿造假冒。

激光隐身技术激光在军事上除用作杀伤性武器以外，还广泛用于武器的制导和测距。要对抗激光制导、测距这类光电装置，一种行之有效的方法就是采用被动式的无源干扰技术。现在常用的光电无源干扰技术是使用特殊的烟雾在目标的前方（或上方）形成遮蔽激光的屏障，或在目标上使用特殊的涂料使入射的激光被散射、吸收，从而干扰敌方激光的制导，使敌方激光测距的准确性和准确率降低，达到保护自己的目的。激光涂料作为一种功能材料，当它接受一定波长的激光后，强烈吸收入射激光的能量并随之各向同性地发射另一波长的激光，与此同时散射部分入射的激光。综合效果是使入射激光被吸收、散射，无法或很少量返回，以达到破坏激光制导和测距的目的。

显示技术通常使用稀土或过渡金属制备高效荧光材料，在主动式显示器上使用这种荧光粉常常会遇到亮度饱和的问题，而新一代高清晰度电视机的生产又迫切需要一类高效、响应快、无饱和的荧光粉，激光涂料恰好能满足这种要求。同时，激光涂料的激发电压很低，使显示器的体积厚度大大减小。由于激光涂料可以制成不同波长的输出激光，且输出光又是各向同性的，在显示技术中，能提供与标准三原色相比拟的扩展比色板，其颜色更鲜艳。作为显示屏上的像素使用，成为一种颜色增多的调色板，激光涂料受激发时，便会显示出鲜艳的单色的强光，避免荧光粉亮度饱和所产生的亮度限制，最终消除笨重的真空管。

（二）纳米复合涂料实例

近年来，国内外对功能型纳米复合涂料的应用性研究十分活跃，已有商品化产品出售，所生产的涂料大都作为特种涂料或附加值高的高档涂料，对传统涂料的改性研究是十分活跃的一部分。下表列举了一些国内外纳米功能涂料的实例。

国内外纳米功能涂料实例

涂料名称	基本结构	用途	生产厂家
纳米透明耐磨涂料	纳米黏土+树脂	透镜、地板	US. Trition Systems 公司
	纳米二氧化硅+有机硅	透镜、地板	US. Exxene Co.
纳米透明隔热涂料	纳米氧化铟锡（ITO）+树脂	透镜、玻璃	US. Nanophase Technologies Co.
纳米功能涂料	纳米TiO_2+树脂	高级陶瓷涂层，保洁	US. Altair Co.
纳米光催化净化涂料	纳米TiO_2（锐钛型）+硅氧基树脂（或氟树脂）	道路隔离墙、净化	日本中部国道事务所
透明隔热涂料	ZnO/AlF复合纳米粒子+树脂	树脂膜、玻璃	日本专利
耐磨透明涂料	纳米SiO_2+有机硅	透镜涂料	德国专利
纳米内墙功能涂料	纳米TiO_2锐钛型）+乳液	净化空气灭菌、自洁	江苏河海纳米公司南京化工大学
纳米钛粉涂料	纳米金属钛粉+树脂	防腐、自洁性	哈尔滨鑫科纳米科技发展有限公司

四、纳米复合纤维

在日常生活中，羊毛、蚕丝、亚麻、棉花等作为服装等使用的纤维为大家所熟悉。20世纪出现的化学纤维工业，又为人类提供了各种各样的合成纤维和人造纤维。在纤维科学与工程的发展中，使纤维超细化是一个重要方向。纳米科技的发展，将给纤维科学与工程带来新的观念。关于纳米纤维，从狭义角度可以简单定义直径为1~100纳米的极其微细纤维。而更广泛说来，零维或一维纳米材料与三维纳米材料复合而制成的传统纤维,也可以称为纳米复合纤维或广义的纳米纤维。更确切地说,这种复合纤维应称为由纳米微粒或纳米纤维改性的传统纤维。纳米纤维这种广泛的定义还可以延伸,一些人认为,只要纤维中包含有纳米结构,而且又赋予了新的物性,则可以划入纳米纤维的范畴。与传统纤维材料一样,纳米纤维按其来源可以分为天然纳米纤维、有机纳米纤维、金属纳米纤维、陶瓷纳米纤维等。

合成纤维及其织物的紫外线防护性能的获得,大多是将纳米紫外线屏蔽剂在纺丝或聚合过程中加入到纺丝原料中,制得具有防紫外线功能的合成纤维,然后制成防紫外线织物,这类方法也称为纺丝法。采用纺丝法加工紫外线屏蔽纤维时,添加的紫外线屏蔽剂必须与纤维有较好的相容性。要求纺丝工艺不会使添加剂产生分解、升华等不良影响;添加剂对人体安全无害;无机微粒应有较高的细度,符合纺丝工艺要求;添加剂对纤维的性质,包括强度、透明度和染色性能等各项物理和化学指标无严重影响。

日本开发的各类防紫外线纤维有涤纶、尼龙、腈纶和丙纶等,有长丝也有短纤维。1991年9月,可乐丽首先向日本市场推出了商品名为"ESMO"紫外线屏蔽纤维织物,先后用于裤子、运动服、制服、帽子、窗帘等的制作,在市场上引起了极大关注。ESMO是混有粒径为100nm左右ZnO微粉的聚酯短纤。可乐丽指出,聚酯纤维中通常混合微粉的量最大为1%,在ESMO中,为了获得足够的紫外线屏蔽能力,混合了10%的微粉。ESMO的出现激起了日本纺织界中紫外线屏蔽材料的迅速发展,东丽公司开发了含有无机微粒能有效反射阳光的聚酯纤维Aloft;仓敷公司开发了能隔断紫外线作用的新型织物Miroir;帝人公司的Physiosensor织物为含有无机微粒的聚酯纤维制成,能屏蔽紫外线;尤尼契卡公司的萨拉克尔纤维是芯部含纳米氧化锌的聚酯长丝;三菱人造丝公司的奥波埃纤维是含纳米紫外线屏蔽剂微粒的聚丙烯纤维。

在欧洲,法国Akzo Nobel公司开发了防紫外线织物EnkaSim,其防紫外效果不受穿着、水洗或干洗的影响,也不会引起任何皮肤过敏反应。丹麦一公司生产的聚酯/莱卡和聚酯/棉两种阳光选择织物,长期的测试表明其对UVA、UVB的屏蔽率可达100%。德国Sachtlen化学公司开发的纳米TiO2 Hombitec 120,只需在纤维中混入0.3%~0.5%,就可赋予纤维较好的紫外线屏蔽性能。还可以在生产聚合物的过程中，通过悬浮液路线混入法加入到各种化学纤维（如PET、PA和PAN）中。

国内对紫外线防护纤维及织物已开始研究，已有部分研究成果通过了鉴定。中国纺织大学用紫外线屏蔽剂与锦纶聚合物常规切片熔融共混纺制成改性纤维后再织成织物，这种改性锦纶织物在紫外线240~360纳米范围内的屏蔽效果是明显的。此外，天津石油化工公司采用添加无机超微粒子，制备了抗紫外线涤纶网络低弹丝（DTY）和抗紫外涤纶短纤维。经测定，采用18tex线密度抗紫外线涤纶混纺（63/35T/C纱和45/55T/C纱）生产的针织网眼T恤衫对200~380纳米的紫外线平均屏蔽率达95%~97%。